专业级韩式奶油霜挤花图解

从奶油霜配方、奶油霜调味、调色公式、挤花花形、挤花手法、配色、组合技巧，相盆托山。

Ariel 的超完美
韩式挤花艺术·技巧全书
Butter Cream Flower Cake

柯芬庄园

洪佳如（Ariel） 著

河南科学技术出版社

·郑州·

推荐序

——

写着这段文字，让我有机会重新回头看了一遍挤花。

挤花的过程，我想把它比喻为写作。就如作家通过选择适合的词汇、构思富有韵律的句子来展开自己的想法一样，甜点师挤出来的每一朵花便如同精挑细选的词汇，把一朵朵花聚集在一起的过程如同全文展开的过程，整体的配色可视为全文的剪裁。完成的蛋糕与文章一样被称为"作品"。

从事挤花蛋糕培训工作的这几年，近距离接触了各式各样的人。大部分人视技能和经验为重点，尤其致力对挤花本身技法的追求。挤花是一项只要通过反复练习，大多数人都可以达到一定技术高度的艺术。但我认为与其视一朵一朵花的完成为重点，还不如更重视作品整体的美感和和谐度，如此才能更进一步地去创造有个人风格的色彩与设计，这才是我们最终的目的。换句话说，希望不要将美的基准完全放在单朵的花朵本身，而是要后退一步看到整个蛋糕映射出来的气质与平衡。

2013年的冬天，在一到节庆就会出现的传统米糕上，我偶然接触到豆沙做的花，于是便开始了我的豆沙挤花之路。当时，就连"挤花蛋糕"这个术语都不存在，和现在有很多资料可以参考不可同日而语。用几个简单的花嘴挤出高仿真的花朵，真是够新奇的了。更何况，不用人工色素，光用最天然的水果和蔬菜粉也能表现美丽的颜色，这实实在在冲击着我。

此外，和我想当画家的梦想一致，我相信甜点师也是一份传递美好的职业。我每天都会无比期待着即将要做的蛋糕，想象着明天又会发生什么好玩的事。我想我已遇见了梦想已久的事业。可以自由表达、可以尽情探索色彩与设计无穷无尽的乐趣，我因此是个无比幸福的人。

很多细节设计的灵感来自周边的环境，随意走在小树林间，与身穿美丽的连衣裙的女孩子擦肩而过，或是偶遇路边的小花……都会成为灵感的源泉。能够把当天的心情融入设计是挤花特有的美妙之处。

很感激每天因蛋糕而梦想着未来，不管过去还是未来，因为挤花而心动是一件多么值得感恩的事情，以这样的心态去感染其他人吧！我希望这将会成为一个个遇见挤花的人的梦想，并且变成一种可以表达自我的"语言"。

Eedo Cake

Seon Mei Kim

前言

———

接触韩式挤花这么多年，始终没想过自己的急躁个性，会因为挤花慢慢地得以改变。一开始接触韩式挤花时，因为太想学，经常到了半夜还翻来覆去、左思右想。后来真的入手之后，每天的生活就完完全全沉浸在这个花花的世界里了，心沉静下来，即使不挤花也在欣赏着挤花的图片。

配色加上特殊的技法，让每一朵花看起来更为真实。虽然不容易又很辛苦，但是从中获得的成就感不可言喻。

这本书融合了许多技法与技巧，即使你是新手，也可以依照详细的图文步骤说明慢慢地挤出一朵朵美丽的花。另外，如何才能组合出花团锦簇的意象呢？书中也将告诉你详细的原则和步骤，你也可以从中获得组合挤花的乐趣。

在这本书中，除了挤花的技巧，我更想要传递的是关于设计、配色，还有美感的重要性。每一个章节与每一幅图片，都是经过精心设计，才呈现给大家的。和偏工具书属性的一些食谱或烘焙图书有所不同，这本书希望能激发你对生活美感的敏锐度。

挤花是一门很美的艺术，但是在刚开始学习与练习时并不轻松，必须通过反复的练习，才能让花朵呈现出最自然真实的风貌。

期待大家可以做出有个人风格的挤花蛋糕，也希望借助这本书，激发你的创意，在装饰蛋糕的过程中找到乐趣，更希望有志于此的你在未来成为一名专业的蛋糕挤花师。

柯芬庄园

Coriel

致谢

———

出版这本书，我实在是够幸运，而且有大家的支持，我才能够完成我心中的画面。

这本书的制作，真的是花了漫长的时间，非常欣慰做出了自己想要的风格。终于不只是单纯的烘焙食谱书，还能写出自己的想法，有独特的视觉呈现方式和图片风格，还有许多一直想尝试、想要玩的蛋糕样式。然后也有更多新的合作模式，借助这本书，我重新思考了心中对蛋糕的定义。

我本以为挤花对我来说，已经驾轻就熟，不是一个太耗时间的工作。没想到准备书稿时，一天要拍好多种蛋糕，不同的技法，还要为了各种照片（我是照片控），同时腾出超多备份。原本以为只要按几个快门就搞定的照片，其实要顾及许多细节和流程才能拍到位，真的比预想中耗时且费工。而且在构思图片风格时，内心和脑袋都像快要掏空似的。

在那些慌乱的日子里，真的非常感谢"甜甜的。手作"婷婷的大力协助，我才得以顺利地完成拍摄。我会想念我们一起边喝酒边挤花的日子。

感谢第二次合作的Hand in Hand璞真奕睿影像，谢谢你们东奔西跑陪我到各地拍摄，通过你们的镜头记录下来的作品，每一张都有我自己喜欢的样貌，也更加精确地表现出了我想要呈现的风格。谢谢你们每一次都带给我超多的惊喜，很高兴能够变成朋友一起工作、一起"疯言疯语"。

还要谢谢那些辅助我完成我的天马行空设想的专业人员。

特别感谢"男孩看见野玫瑰"完成了我举办森林派对的梦想。

最后，谢谢我的编辑Sophie以无比的耐心带我好好完成这本书。这本书是一本很实在的挤花书，从编排设计到精确表达出文字与想法都不遗余力。坦白说，我曾经非常担忧自己在叙述与沟通表达上不够好，而且几度人格分裂地怪罪自己，为什么给自己这么大的挑战……也在挑战别人……打从心眼里谢谢Sophie，谢谢你对于手作的爱好与热忱，谢谢你一直以来都愿意倾听我的想法，谢谢你的谅解与尊重，让我能够任性地完成这本连我自己都会骄傲的书。

谢谢有每一个你，才能够让我——

不做第一个，只做最好的一个。

A team is not a group of people who work together.

A team is a group of people who trust each other.

团队不是一群一起工作的人，

团队是一群相互信任的人。

目录

——

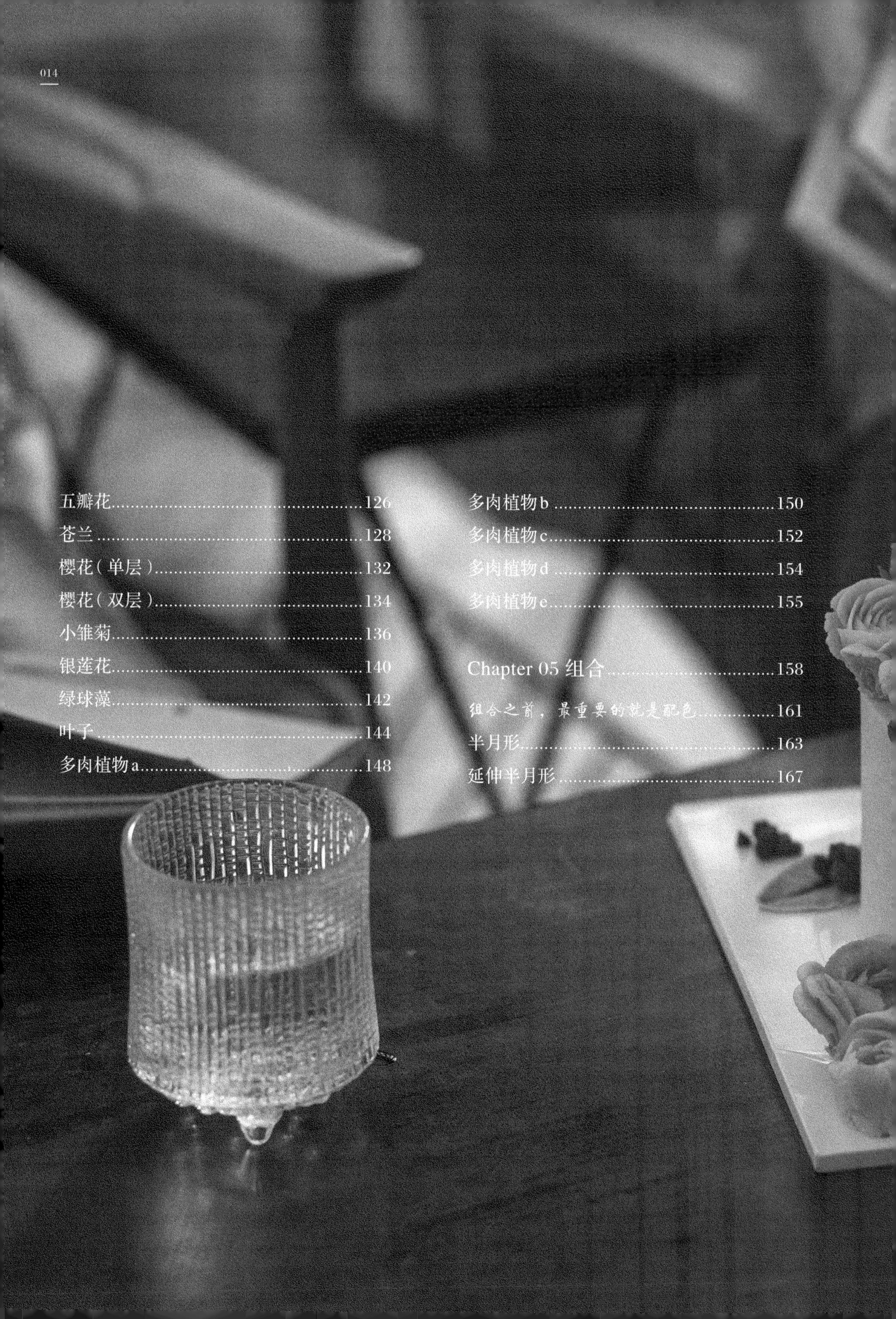

Chapter 01

———

蛋糕体制作

香蕉巧克力蛋糕

抹茶戚风蛋糕

胡萝卜蛋糕

苹果焦糖蛋糕

柠檬蛋糕

抹茶戚风蛋糕

材料

蛋黄（常温）……9个

奶油（液态）……100g

牛奶……120g

低筋面粉……140g

抹茶粉（不加糖）……30g

A ┌ 蛋白……8个
　└ 白砂糖……120g

小提示

把抹茶粉换成可可粉或红茶粉，即可做出不同的口味。

做法

1 将蛋黄和奶油放入缸盆，用打蛋器搅匀，呈现有点浓稠的状态。

2 加入牛奶，拌匀。

3 将低筋面粉和抹茶粉过筛之后加入2*中。

4 将蛋糕糊打到拿起打蛋器时，尾端呈现弯曲的状态即可。

5 将A的蛋白和白砂糖混合，打发。

小提示

蛋白稍微冷藏一下比较好打发。另外，打发时要注意器具，不可以有油或水。且不要过度打发，否则会产生很多孔洞。

6 将4和5用刮板轻轻拌匀。

7 完成后入模，装模后敲一敲。烤箱上下火180度，烤25~30分钟。将竹签插入，若不粘黏蛋糕糊，即完成。

*为便于叙述，在本书中，步骤序号1、2等除了指操作步骤之外，亦用于指该操作步骤所形成的材料或结果，此处即属后一种用法。特此说明，后面同类情况不再另行标注。

香蕉巧克力蛋糕

材料

奶油（常温）……220g

白砂糖……90g

低筋面粉……200g

可可粉（无糖）……30~40g

鸡蛋（常温）……4个

香蕉（熟）……1根

核桃……少许

做法

 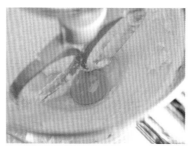 

1 将奶油加入白砂糖，打到发白膨松。

2 分次加入鸡蛋，打到完全均匀。

3 搅拌机转为低速，加入低筋面粉和可可粉，另外，也可以依自己
喜欢的风味加入香蕉或核桃，拌匀。

4 烤箱上下火170度，烤40~60分
钟。将竹签插入，若不粘黏
蛋糕糊，即完成。

延伸介绍：双层蛋糕抹面技巧

1 涂一点奶油霜在底盘。

2 放上切好的蛋糕，再抹上奶
油霜。

3 放上另一层切面蛋糕。

4 涂一层奶油霜在侧面和蛋糕
上面，用抹刀左右来回涂
抹。

5 抹好表层之后，将最上层的
奶油霜由外往内轻轻抹平，
抹刀角度由上斜角而下，如
此边角即可平整。

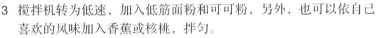

1

2

3

小提示
把较平的那面放最上层，抹起来
更容易些。

4

5

苹果焦糖蛋糕

材料

苹果……1个

白砂糖……200g

奶油……200g

低筋面粉……200g

牛奶……40g

鸡蛋（常温）……3个

做法

1　将少许奶油放入锅里，以小火至熔化，加入少许（分量外）白砂糖。

2　将切碎的苹果放入。

3 至苹果表面呈现焦糖色，有点软化，做成焦糖苹果。

4 将剩下的奶油加入白砂糖，打到发白膨松。

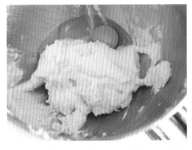

5 分次加入鸡蛋，打到完全均匀，再加入牛奶。

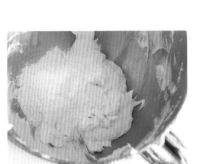

6 加入低筋面粉稍微拌匀，低速打发。

7 加入焦糖苹果，稍微拌匀。烤箱上下火170度，烤40~60分钟。将竹签插入，若不粘黏蛋糕糊，即完成。

延伸介绍：裸蛋糕抹面技巧

1 由于一开始需要较大量的奶油霜夹馅，建议使用刮板，一次分量可以比较多。

2 盖上第三层蛋糕。

3 在侧面和顶部抹上奶油霜。

4 在侧面，蛋糕与抹刀之间成45度角，右手放在同一个位置不动，左手逆时针转转台，将多余的奶油霜刮除。

5 抹好表层之后，将最上层的奶油霜由外往内轻轻抹平，抹刀角度由上斜角而下，如此边角即可平整。

小提示
把较平的那面放最上层，抹起来更容易些。

延伸介绍：淋面技巧

1 取等量的白巧克力和动物鲜奶油，将两者熔化之后混合在一起。

2 将巧克力奶油酱从蛋糕边缘缓缓倒下。

小提示
若要滴面宽些，可以等酱汁冷却一点再做淋面。

柠檬蛋糕

材料

奶油⋯⋯250g

鸡蛋（常温）⋯⋯4个

低筋面粉⋯⋯250g

白砂糖⋯⋯250g

牛奶⋯⋯125g

柠檬⋯⋯30g

做法

1　将奶油加入白砂糖，打到发白膨松。

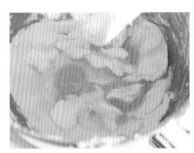

2 分次加入鸡蛋，打到完全均匀。

3 加入柠檬汁和牛奶。

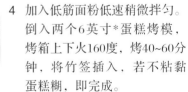

4 加入低筋面粉低速稍微拌匀。倒入两个6英寸*蛋糕烤模，烤箱上下火160度，烤40~60分钟，将竹签插入，若不粘黏蛋糕糊，即完成。

---

* 英寸为非法定计量单位，考虑到行业习惯，本书保留。1英寸≈2.54厘米。
本书中所有的蛋糕，都是使用6英寸烤模制作的。

延伸介绍：直立式抹面技巧

1 将奶油霜抹在底盘上。

2、3 放上切好的蛋糕，抹上奶油霜，当作夹馅。

4 放上另一层切面蛋糕。

5、6 在最上面抹一层奶油霜，用抹刀左右来回涂抹，且抹过蛋糕的圆边。

7 将奶油霜由外往内轻轻抹平，抹刀角度由上斜角而下，如此边角即可平整。

8 在侧面平均分散抹上奶油霜。

9 抹刀拿直，从底部按压垂直往上拉。

胡萝卜蛋糕

材料

低筋面粉（过筛）……220g

苏打粉（过筛）……5g

熔化奶油（直接将硬态奶油

熔化）……200g

肉桂（依个人喜好添加）……8g

鸡蛋……3个

红砂糖或白砂糖……160g

盐……3g

胡萝卜……130g

莱姆酒浸泡蔓越莓……少许

核桃……少许

做法

将所有材料倒入搅拌机，使用低速打碎，拌匀即可入模。烤箱上下火170度，约烤40分钟。将竹签插入，若不粘黏蛋糕糊，即完成。

Chapter 02

———

奶油霜制作与调味

奶油霜配方

韩式奶油霜挤花使用的是韩国的首尔奶油。首尔奶油内含椰子、牛奶等成分，所以打出来的奶油霜偏白。但由于首尔奶油不方便购买，建议可以改用法国进口发酵奶油，如蓝丝可（LESCURE）片状发酵奶油。按照以下配方就可以打出口感细致绵密的奶油霜，颜色虽比韩式奶油霜略微黄一点，但效果几乎无异。

自创奶油霜

韩式奶油霜

材料

A ⎡ 白砂糖···120g
  ⎣ 水···50mL

B ⎡ 白砂糖···60g
  ⎣ 蛋白（冷藏过的）···145g

奶油···450g

做法

1 将A放在不粘锅里，煮至120度。

2 将B使用球形搅拌头高速打发至膨松发白。将1倒入2中，快速打发至搅拌缸摸起来没有热度。

3 放入切块奶油。使用桨状搅拌头，打到完全均匀，打10~15分钟。

4 将打好的奶油霜放入冰箱冷冻，可保存3个月。需要使用时再拿出来解冻，遇到分离情形，只要再使用搅拌机迅速打匀，就可以使用了。

奶油霜和动物鲜奶油的区别

一般我们常见的奶油蛋糕都是使用动物鲜奶油来抹面和进行装饰的，而本书的挤花则是使用奶油霜。除了口味多元之外，吃起来也更为细致爽口。而且，由于奶油的占比较高，放在一般常温下也不用担心会化掉。

奶油霜调味

抹茶口味奶油霜

将些许抹茶粉加入奶油霜中，拌匀即可。

柠檬口味奶油霜

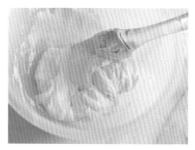

将柠檬汁挤进奶油霜中，拌匀即可。

焦糖口味奶油霜

1 将砂糖放入锅里以小火熔化，煮至褐色。

小提示

要把动物鲜奶油稍稍加热，否则倒入糖锅时容易结块。

2 将动物鲜奶油稍微加热，呈现温热状态，倒入熔化的砂糖中。（动物鲜奶油和砂糖的比例为1：1）

3 快速拌匀，将稍稍结块的地方搅开。

4 完成焦糖酱。可依个人口味加入海盐，会有些许提味。

5 将焦糖酱倒入奶油霜中，拌匀即可。

Chapter 03

奶油霜调色

基本色调制

Butter+Sky Blue
（奶油色＋天蓝色）

Black
（黑色）

Kelly Green
（鲜绿色）

Burgundy
（紫红色）

Brown
（咖啡色）

Moss Green
（苔绿色）

Lemon Yellow
（柠檬黄色）

Burgundy+Black
（紫红色＋黑色）

Sky Blue
（天蓝色）

Golden Yellow
（金黄色）

Violet
（紫色）

Rose
（玫瑰色）

Royal Blue
（宝蓝色）

Red
（红色）

调色的基本技巧与原则

　　本书中使用膏状色膏，另外也可以使用天然蔬果粉，只是蔬果粉为粉状，建议找质地较细的。若是使用蔬果粉则需要花费较多时间才能拌匀。

＊笔者在本书中所使用的是惠尔通（Wilton）色膏，按照比例和配方即可调出想要的颜色。但是由于大家使用的奶油品牌不同，打发出来的颜色也会有些不同，建议视实际操作慢慢调出适合的颜色。

色膏使用

使用牙签蘸取一点点色膏加在奶油霜上，拌匀即可。为了避免颜色一下子太深，建议慢慢加入，若是颜色太深即可加入奶油来平衡。另外，使用过的牙签，不可再放入色膏内，避免色膏发霉。

开始调色

在调色之前，建议大家将每个色膏颜色都拿出来拌匀，了解每个颜色的特性。Lemon Yellow（柠檬黄色）偏黄、Golden Yellow（金黄色）偏橘、Royal Blue（宝蓝色）偏向深一点的蓝、Sky Blue（天蓝色）偏天空蓝（加入奶油霜之后，有些奶油比较黄，会做出蒂芙尼蓝色，可先加白色色膏让奶油白一点）。

在制作每一种颜色时，建议使用混色的方式，让颜色看起来不会太单调。另外，建议将调好色的奶油霜不均匀地装入挤花袋，挤出来的颜色会更为真实。举例来说：

叶子

若是作品想呈现春夏新绿的氛围，则可以使用：

　　Moss Green or Kelly Green（苔绿色或鲜绿色）

　　　　　　　+　　　　　　=2：1

Lemon Yellow or Golden Yellow（柠檬黄色或金黄色）

浅绿色带一点点黄色，较具春意。

若是作品想呈现秋冬萧瑟的氛围，则可以使用：

　　Moss Green or Kelly Green（苔绿色或鲜绿色）

　　　　　　　+

Lemon Yellow or Golden Yellow（柠檬黄色或金黄色）

　　　　　　　+　　　　　=2：1：1

　　Brown or Black（咖啡色或黑色）

加入深色的咖啡色或黑色，比较适合暗色系列作品。

多肉植物

我喜欢深沉一点的颜色，让多肉植物看起来更有质感，通常会使用：

Moss Green and Kelly Green（苔绿色和鲜绿色）

　　　　　+　　　　=2：1

Brown and Black（咖啡色和黑色）

或是加一点红色，看起来会更真实。

12色阶调色

Rose

B

A10g+Butter*20g

D

C10g+Butter20g

C

B10g+Butter20g

E

D10g+Butter20g

A

Rose（玫瑰色）×4+Butter30g

*1.Butter=奶油色

2.×数字=用牙签蘸取的次数

A

Red（红色）×5+Butter30g

Red

D

C10g+Butter20g

B

A10g+Butter20g

C

B10g+Butter20g

E

D10g+Butter20g

<u>**C**</u>

B10g+Butter20g

<u>**D**</u>

C10g+Butter20g

<u>**A**</u>

Red（红色）×2+Black（黑色）×1+Butter30g

Red+Blac

<u>**B**</u>

A10g+Butter20g

<u>**E**</u>

D10g+Butter20g

C

B10g+Butter20g

B

A10g+Butter20g

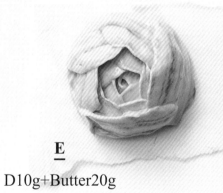

E

D10g+Butter20g

Burgundy

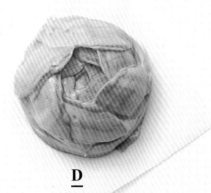

D

C10g+Butter20g

A

Burgundy（紫红色）×4+Butter30g

D

C10g+Butter20g

C

B10g+Butter20g

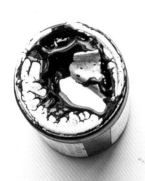

A

Violet（紫色）×4+Butter30g

Violet

E

D10g+Butter20g

B

A10g+Butter20g

C

B5g+Butter25g

D

Butter

B
A5g+Butter25g

Black

A
Black（黑色）×10+Butter30g

B

A10g+Butter20g

E

D10g+Butter20g

A

Lemon Yellow（柠檬黄色）×3+Butter30g

D

C10g+Butter20g

C

B10g+Butter20g

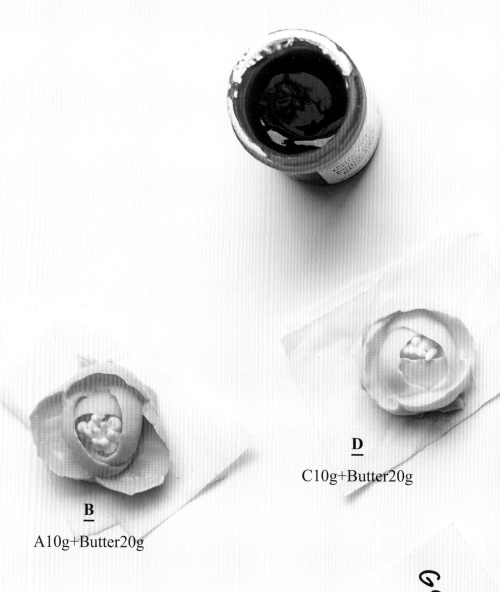

B

A10g+Butter20g

D

C10g+Butter20g

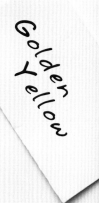

Golden Yellow

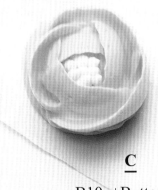

C
B10g+Butter20g

E
D10g+Butter20g

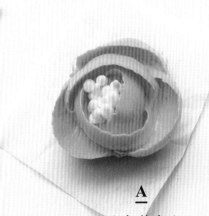

A
Golden Yellow（金黄色）×5+Butter30g

<u>**E**</u>

D5g+Butter25g

<u>**C**</u>

B10g+Butter20g

<u>**A**</u>

Sky Blue（天蓝色）×6+Butter30g

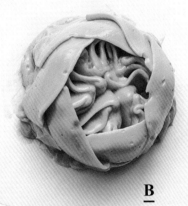

B

A20g+Butter10g

Sky Blue

D

C10g+Butter20g

<u>B</u>

A20g+Butter10g

<u>C</u>

B20g+Butter10g

Royal Blue

E

D10g+Butter20g

D

C10g+Butter20g

A

Royal Blue（宝蓝色）×6+Butter30g

<u>A</u>

Brown（咖啡色）×3+Black（黑色）×0.5+Butter30g

<u>D</u>

C10g+Butter20g

<u>E</u>

D10g+Butter20g

Brown

B

A20g+Butter10g

C

B10g+Butter20g

G

F15g+Butter15g

D

C20g+Butter10g

B

A20g+Butter10g

C

Moss Green（苔绿色）×5+Butter30g

A

Moss Green（苔绿色）×5+Black（黑色）×3+Butter30g

Lemon Yellow

E

D20g+Butter10g+Lemon Yellow（柠檬黄色）×1

H

C20g+Butter10g+Lemon Yellow

（柠檬黄色）×1

Moss Green

F

E40g+Lemon Yellow（柠檬黄色）×3

A

Kelly Green（鲜绿色）×5+Brown（咖啡色）×1+Butter30g

D

C15g+Butter15g

B

A20g+Butter10g

C

Kelly Green（鲜绿色）×4+Butter30g

Kelly Green

E

D15g+Butter15g

Chapter 04

挤花技巧

1

2

4

3

9

8

7

5

6

本书所用的挤花工具

1.花嘴转接头

使用花嘴转接头，除了在挤花时可以让挤花袋不易破裂之外，最重要的是如果要制作同色不同类的花，就不需要准备两个挤花袋，只要替换花嘴即可。

2.花剪

将挤好的花朵从花钉上移到蛋糕或是平面板子上时使用的工具。

3.花钉

挤花时需要将花朵挤在花钉上，以方便挤出各式角度。尺寸一般为直径4~5cm。若需要挤大花，就使用大一点的花钉。有些花钉下面为螺旋形设计，不容易打滑，适合初学者使用。

4.木头座

用来放置花钉。花朵太软时，也会将花钉放在木头座上直接放入冰箱冷藏，冷藏后的花朵更容易取下来。

5.搅拌容器

可以找有把手的，搅拌时方便握拿。

6 刮刀

在混色时，建议使用小的刮刀。因为用于调色的奶油霜分量都不会太多。

7.花嘴

挤花最基本的工具。

8.挤花袋

有可以重复使用或是一次性的，厚一点的塑料挤花袋可以重复清洗使用。若要使用一次性的建议找结实一点的袋子，挤花时才不容易破掉。

9.牙签

调色时，用来蘸取色膏。

将花嘴装入挤花袋的方式

小花嘴 + 转接头

1 将转接头的底部朝前放入挤花袋。

2 剪掉前端的挤花袋。

3 将花嘴套入转接头前端，与挤花袋一起转紧即可。

大花嘴

1 将大花嘴套入挤花袋。

2 在花嘴1/4的位置用剪刀在挤花袋上做个记号。

3 将花嘴向后移，用剪刀依做记号的部分剪开挤花袋。

小提示
用大花嘴挤花时会用到较大的力气，所以不要把挤花袋口剪得太大。

将奶油霜装进挤花袋的方式

小提示
挤花特别讲究颜色和渐层，所以不要将颜色遗留在挤花袋边以免混杂，出现自己不想要的结果。

1 装奶油霜时记得将袋子完全打开。将奶油霜直接放入最底端，避免碰到挤花袋两侧。

2 右手压住刮刀，左手抽取刮刀。

手握挤花袋的方式

1 用手掌虎口握住挤花袋。

2 将挤花袋绕放在拇指与食指之间。

3 握紧挤花袋，将多余的部分绕紧在食指上。

4 花嘴的切口朝上，与手指面平行。

小提示
奶油霜装到虎口刚好可以握住的量，装太满的话奶油霜也容易化。

使用花剪的方式

1 将花剪打开与花朵同宽。

2 将花剪移至花朵底部。

3 轻轻将花朵拖离花钉。

英式玫瑰花蕾

大玫瑰

玫瑰花蕾

小玫瑰

英式玫瑰

挤花技巧

挤花技巧
玫瑰花蕾

花嘴

一字形花嘴
123号牡丹花弯形花嘴

配色

建议两色混色，不均匀装入挤花袋。例如：紫色+白色。
也可以搭配另一单色使用，例如：绿色。

底座

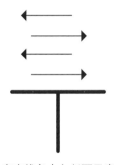

底座线条走向剖面示意

1 花嘴向下，横向握拿。

2 在同一个位置，以前后往返的方式挤出底座。

3 在中央处收尾，形成类似三角锥的形状。

小提示
此款花瓣较薄，挤花时力道需尽量轻巧，持续挤推。

花瓣中心

11点钟

4 花嘴立拿，花嘴开口朝11点钟方向，轻压于原先的底座上。

5 右手位置不动，持续挤花，左手逆时针转动花钉，两手同时进行。

6 挤完一圈回到原点即完成花瓣中心。

•••

花瓣

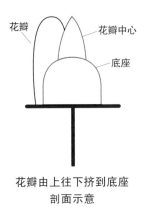

花瓣 花瓣中心

底座

花瓣由上往下挤到底座
剖面示意

7　将收尾处转至正前方，花嘴立
起斜拿靠着花瓣中心，依左图
箭头所示由上往下挤，挤出时
注意需要挤到底，底座才会稳
固。

8　右手挤的同时，左手逆时针转
动花钉，需紧贴花瓣中心挤，
整体形状才会圆。

9　重复边挤边转的手势，挤完内
圈继续挤外圈。

小提示

外层比内一层高一些，也宽一些，陆续完成内包式花瓣。

10 花瓣完成图。

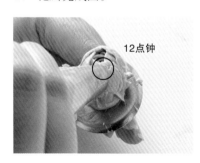

12点钟

11 轻贴花瓣，花嘴朝12点钟方向挤出嫩叶，每片叶子抓好约莫等距的间隔，以由下往上的方式挤出三片，完成。

挤花技巧
小玫瑰

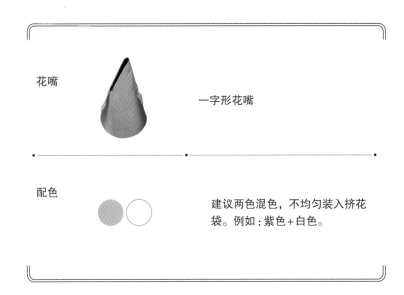

花嘴　　　　　　　　　　　　　　　　一字形花嘴

配色　　　　　　　　　　　建议两色混色，不均匀装入挤花
袋。例如：紫色+白色。

底座　同玫瑰花蕾，请见p.076　　　　**花瓣中心**　同玫瑰花蕾，请见p.077

内包式花瓣

1　花嘴立拿，依左图箭头所示由
上往下挤，挤出时注意需要挤
到底，底座才会稳固。

2 右手挤的同时，左手逆时针转动花钉，需紧贴花瓣中心挤，整体形状才会圆。

3 重复边挤边转的手势，挤完内圈继续挤外圈。

·····
开放式花瓣

4 当内包式花瓣大小足够后，进行开放式花瓣制作。右手一样如左图箭头所示挤出奶油霜，底部同样紧贴中心，但上方的开口朝外，不再向内收缩，控制花瓣，使之呈现绽放的状态。

5 花嘴以逆时针方向挤，左手无须转动花钉，每瓣花瓣尽量大小及宽度不一，且外圈花瓣皆比内圈花瓣高大一些，约莫两圈即完成。

挤花技巧
大玫瑰

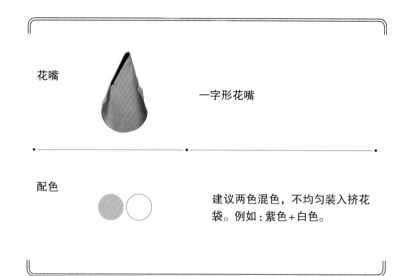

花嘴　　　　　　　　　　　一字形花嘴

配色　　　　　　建议两色混色，不均匀装入挤花
袋。例如：紫色＋白色。

底座　同玫瑰花蕾，请见p.076

花瓣中心　同玫瑰花蕾，请见p.077

内包式花瓣

1　花嘴立拿，由上往下挤，挤出时注意需要挤到底，底座才会稳固。

2　右手挤的同时，左手逆时针转动花钉，需紧贴花瓣中心挤，整体形状才会圆。重复边挤边转的手势，挤完内圈继续挤外圈。

中花瓣

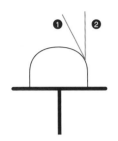

花嘴角度示意（❶为制作内包式花瓣的花嘴角度，❷为制作中花瓣的花嘴角度。）

12点钟

小提示
外层比内一层高一些，也宽一些，陆续完成中花瓣。

3 将花嘴由原本朝11点钟方向的倾斜拿法，调整为朝12点钟方向的直立拿法，接下来采用与内包式花瓣一样的挤法，继续制作中花瓣。

外圈大花瓣

外圈开放式花瓣示意

小提示
若希望花瓣边有皱褶，可使用牙签在花瓣边勾一下，仿真效果更好。

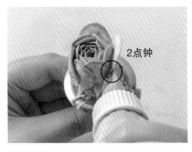

2点钟

小提示
挤出的花瓣大小尽可能有些差异，这样看起来会更自然。

小提示
外圈需比内圈挤得更开一些。

4 当中花瓣大小足够后，进行外圈开放式花瓣制作。花嘴角度由原先的朝12点钟方向调整为向外倾斜的2点钟方向，花嘴底部同样紧贴中心，但上方的开口朝外，无须转动花钉，以逆时针方向进行，每挤完一瓣再转动。

5 无须计算瓣数，约莫两圈即完成。

挤花技巧
英式玫瑰花蕾

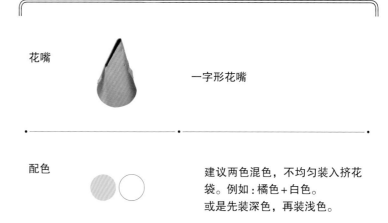

花嘴   一字形花嘴

配色   建议两色混色，不均匀装入挤花
袋。例如：橘色＋白色。
或是先装深色，再装浅色。

底座

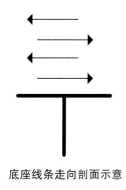

底座线条走向剖面示意

1　花嘴向下，横向握拿。

2　在同一个位置，以前后往返的
方式挤出底座。

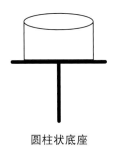

圆柱状底座

3 底座完成后，呈现顶端平整的圆柱状。

花瓣中心第一层

小提示

此款花瓣较薄，挤花瓣时记得花嘴紧贴着底座操作。

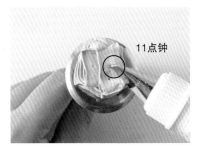

11点钟

4 花嘴立拿，开口朝11点钟方向。

5 右手挤出奶油霜，同时手势向外拉出后再折回。

6 右手边挤边折，挤至中心点时轻压一下，让中心位置能凝合，左手则不断逆时针转动花钉。

7 呈现五角星形的花瓣中心。

...

花瓣中心第二层

8　从五角星形中心的凹角继续挤第二层，手法与第一层相同，高度比第一层更高一些。

9　完成花瓣中心第二层。

....

花瓣中心第三层

.....

包覆花瓣中心

10　承接第二层的手法继续挤第三层，高度比第二层再高一些。

11　完成三层后，右手将花嘴开口直立，贴着第三层的外侧中段，左手逆时针转动花钉，挤出一圈即可。

12　挤出一圈包覆花瓣中心，营造扎实的视觉效果。

· · · · · ·
花瓣

小提示
右手挤的同时，左手逆时针旋转花钉，这样才能呈现漂亮的圆弧。

13　花嘴斜拿，紧贴上一圈，上方开口朝内，以画半弧线的手法操作。

14　挤完内层继续挤外层，无须计算瓣数，外层需比内层更高一些。

15　约莫两圈即完成。

挤花技巧

英式玫瑰

花嘴 一字形花嘴

配色 建议两色混色，不均匀装入挤花袋。例如：橘色＋白色。

底座　同英式玫瑰花蕾，请见p.084

花瓣中心三层　同英式玫瑰花蕾，请见p.085、p.086

花瓣

1　花嘴斜拿，紧贴上一圈，上方开口朝内，以画半弧线的手法操作。

2　挤完内层继续挤外层，无须计算瓣数，外层需比内层更高一些。

3 约挤两圈后，即可准备挤开放式花瓣。

4 花嘴开口朝1点钟方向，仍需紧贴上一圈操作。手法与上一层相同，但角度需朝外，才能塑造花瓣向外盛开的感觉。

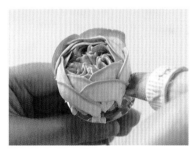

5 新一层皆比上一层挤高一点，花瓣尽可能长短不一，间隔也无须完全一致，仿真效果才更好。

6 越外层花瓣越往外开，越能呈现花朵美丽的盛开状态。

大菊花（内包外开）

小菊花

乒乓菊

大菊花（全开）

挤花技巧

挤花技巧
小菊花

花嘴	80号或81号弯形花嘴 0~3号圆形花嘴
配色	建议两色混色，不均匀装入挤花袋。例如：黄色＋白色或者绿色＋白色。

底座

1 花嘴向下，凹槽面向自己，在花钉中心位置顺时针螺旋形往上绕圈。

2 边挤边压，形成约3cm高的底座，尽量保持顶端平整。

花瓣中心

在两瓣之间挤出花瓣

3 将花嘴向下放在底座中心（如图第一瓣位置），凹槽面向自己。每挤完一瓣，逆时针转动花钉。

4 由下往上垂直挤出。

5 用相同的手法操作，依序完成第一圈内圈。

6 在两瓣之间挤出花瓣，继续完成第二圈、第三圈。

7 用0~3号圆形花嘴点上花蕊。

8 在底部先挤出底座。

9 一点一点叠出花蕊。

10 叠至适当高度（花蕊需比花瓣低）即完成。

挤花技巧

乒乓菊

花嘴 	80号或81号弯形花嘴
配色	建议两色混色，不均匀装入挤花袋。例如：黄色＋白色或者绿色＋白色。

底座 同小菊花，请见p.092

花瓣中心

1　花嘴向下，凹槽面向自己。每挤完一瓣，逆时针转动花钉。

2　由下往上垂直挤出，完成第一瓣花瓣。

小提示

挤花瓣时，记得将凹槽清干净。

3 在第二瓣位置，花嘴向下，凹槽与第一瓣交叠，由下往上垂直挤出第二瓣。

4 在第三瓣位置，花嘴向下，凹槽与第二瓣交叠，由下往上垂直挤出第三瓣。

• • •
花瓣

5 每一层花瓣，都在两瓣之间开始挤。重复相同的手法，完成一层层花瓣，直到快挤满底座。

6 接下来，开始从底座底部挤出花瓣。花瓣需比内层的更低，角度也要更朝外开（如下方示意图）。

小提示
由于此款花嘴开口较细薄，挤出每瓣花瓣时，要持续用力且力道均匀。

7 挤到适当的大小即完成。

花瓣内外层高低示意

挤花技巧

大菊花（全开）

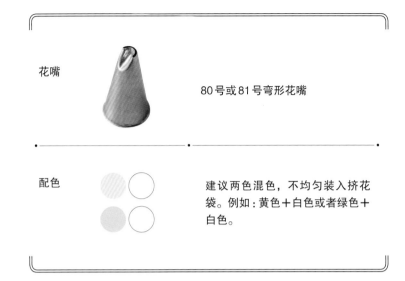

花嘴　　　　　　　　　80号或81号弯形花嘴

配色　　　　　　　　建议两色混色，不均匀装入挤花袋。例如：黄色＋白色或者绿色＋白色。

底座

1　花嘴向下，凹槽面向自己。

2　在花钉中心位置顺时针螺旋形往上绕圈。

3　边挤边压，形成2~3cm高的底座，尽量保持顶端平整。

花瓣中心

4 将花嘴向下放在底座中心（如图第一瓣位置），凹槽面向自己。每挤完一瓣，逆时针转动花钉。

5 由下往上垂直挤出，完成第一瓣花瓣。

小提示
挤花瓣时，记得将凹槽清干净。

6 在第二瓣位置，花嘴向下，凹槽与第一瓣交叠，由下往上垂直挤出第二瓣。

7 在第三瓣位置，花嘴向下，凹槽与第二瓣交叠，由下往上垂直挤出第三瓣。

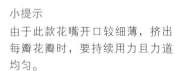

小提示
由于此款花嘴开口较细薄，挤出每瓣花瓣时，要持续用力且力道均匀。

花瓣

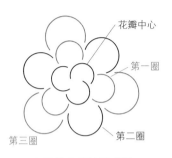

花瓣中心

第一圈

第三圈

第二圈

在两瓣之间挤出花瓣

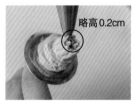

略高0.2cm

小提示

花瓣的高度，每一圈需比
上一圈略高0.2cm。

8 花嘴向下，凹槽向内，将花嘴
贴着底座。

9 第二圈开始，每一瓣都贴着上
一瓣挤出。

10 由下往上挤出，挤到顶端
时，花嘴往80度方向一点点
向外拉出。

11 每一瓣都在两瓣之间挤出。

12 重复以上动作，直到快挤满
底座。

贴着底座旁开始挤示意

13 接下来，开始从底座底部挤
   出花瓣（如左上示意图）。

14 花嘴往80度方向一点点向外
   拉出。

15 重复以上操作，完成。

挤花技巧

大菊花（内包外开）

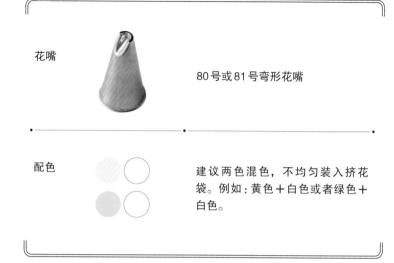

花嘴	80号或81号弯形花嘴
配色	建议两色混色，不均匀装入挤花袋。例如：黄色＋白色或者绿色＋白色。

底座　同大菊花（全开），请见p.096

花瓣中心

花瓣中心三瓣花瓣示意

1 将花嘴向下放在底座中心（如图第一瓣位置），凹槽面向自己。每挤完一瓣，逆时针转动花钉。

2 由下往上垂直挤出，完成第一瓣花瓣，陆续在旁边挤出第二、第三瓣花瓣（如示意图）。

小提示
挤花瓣时，记得将凹槽清干净。

花瓣（内包）

三层内包花瓣角度、高度示意

3 同样紧贴底部，继续挤第二圈，到顶端时，花嘴角度往内，让花苞看起来有内缩感。

4 以相同方式完成第三圈，越外圈的花瓣越高一些。

花瓣（外开）

← 角度 →

四层花瓣角度、高度示意

5 开始制作外圈花瓣，到顶端时，花嘴角度往外，让花苞看起来微微绽开（如示意图）。

6 以此类推，越往外圈，花嘴角度越往外。

苹果花

绣球花b（单朵）

绣球花b（成团）

绣球花a（成团）

水仙

绣球花a（单朵）

挤花技巧

挤花技巧

绣球花a（单朵）

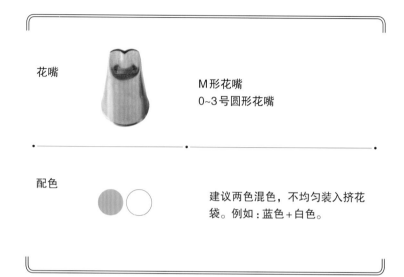

花嘴　　　　　　　　　　　　M形花嘴
　　　　　　　　　　　　　　0~3号圆形花嘴

配色　　　　　　　　　　　　建议两色混色，不均匀装入挤花
　　　　　　　　　　　　　　袋。例如：蓝色＋白色。

底座

1　花嘴向下，右手顺时针画圈，
　左手逆时针旋转花钉。

2　挤完一圈回到原点即完成底
　座。

花瓣

花瓣操作手法示意

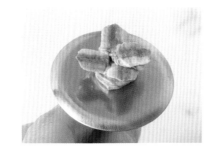

4 从中心点往外，等距挤出四瓣花瓣，方向为由内向外延伸拉出。

5 使用0~3号圆形花嘴，在中心点上花蕊，完成。

挤花技巧

绣球花a（成团）

花嘴

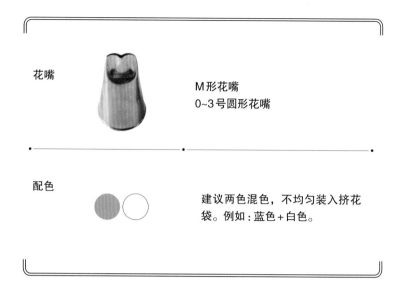

M形花嘴
0~3号圆形花嘴

配色

建议两色混色，不均匀装入挤花袋。例如：蓝色＋白色。

底座

1 花嘴向下，右手顺时针画圈，左手逆时针旋转花钉。

2 挤完一圈回到原点即完成底座。

花瓣

花瓣操作手法示意
（×处用力）

花瓣分层叠挤剖面示意

3 M形花嘴横拿，凹槽朝向下方，紧贴底座由内向外拉挤，挤出向外扩散的花瓣。

小提示
靠近底座时用力，向外拉开时放松，收边才有自然的皱褶且易切断。

4 一层层由底部向上用相同的手法挤花瓣，无须计算瓣数，只需将空隙挤满即可。

5 在最上一层挤出四瓣整齐的花瓣。

6 使用0~3号圆形花嘴，在中心点上花蕊，完成。

挤花技巧
绣球花b（单朵）

花嘴	102号或103号或104号等腰三角形花嘴 0~3号圆形花嘴 要做大些的花使用大一点的花嘴即可。
配色	建议两色混色，不均匀装入挤花袋。 例如：蓝色＋白色。

底座

1 花嘴向下，右手顺时针画圈，左手逆时针旋转花钉，挤完一圈回到原点即完成底座。

花瓣

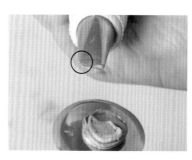 

2 花嘴平拿，开口朝9点钟方向。

3 左手逆时针转动花钉，右手顺挤出第一瓣花瓣。

4　挤出约占底座面积1/4大小的花瓣后，在中心点处收尾，即完成第一瓣。

5　将第一瓣转至背向自己，以相同手法完成第二瓣。

6　将两瓣背向自己，相同手法完成第三瓣。

7　最后补上第四瓣花瓣。

8　使用0~3号圆形花嘴，在中心点上花蕊，完成。

挤花技巧

绣球花b（成团）

花嘴		103号或104号等腰三角形花嘴 0~3号圆形花嘴 要做大些的花使用大一点的花嘴即可。
配色		建议两色混色，不均匀装入挤花袋。 例如：蓝色＋白色。

底座

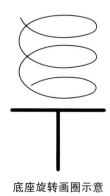

底座旋转画圈示意

1　花嘴向下，旋转式边挤边压，顺时针画圈。因要成团，底座部分可做高一点。

花瓣

2 花嘴平拿，紧贴着底座的侧边，沿着底座逆时针挤出数瓣花瓣。

3 不需要太规则，围着底座操作即可。

4 空出上方的位置，留给后续操作。

5 花嘴由旁侧移至上方，以相同的手法制作顶端的花瓣。

6 陆续挤出四瓣，每瓣皆收尾于中心点。

7 使用0~3号圆形花嘴，在中心点上花蕊，完成。

挤花技巧
水仙

花嘴		102号或103号或104号等腰三角形花嘴 0~3号圆形花嘴 要做大些的花使用大一点的花嘴即可。
配色	⚪ 🟠	用白色作为花瓣色，橘色作为花蕊色

底座

1 花嘴向下，横向握拿。

2 在同一个位置，以前后往返的方式挤出底座。

花瓣

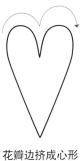

花瓣边挤成心形

3 花嘴的宽开口朝内，窄开口朝外，宽开口对准底座中心点，挤出第一瓣花瓣。

4 第二瓣挨着第一瓣，以相同的手法操作，边挤边逆时针转动花钉。

5 以相同的手法，共挤出五瓣花瓣，最后一瓣收尾于第一瓣侧边，将底部收成密合的底座。

6 完成五瓣花瓣后，将花嘴立起，开口朝11点钟方向。

7 边挤边逆时针转动花钉。

8 最后形成一个立起的环状物。

9 以0~3号圆形花嘴，一点一点叠挤出花蕊。

挤花技巧
苹果花

| 花嘴 | | 103号或104号等腰三角形花嘴
0~3号圆形花嘴
要做大些的花使用大一点的花嘴即可。 |

| 配色 | ⚫ ⚪ | 建议两色混色，例如：蓝色＋白色。
先将蓝色放入挤花袋窄的地方，会挤
出边缘为深色的花瓣。 |

底座

1 初学者可以先剪一张和花钉大小差不多的烘焙纸，在纸上画圆并分隔出五等份。

2 在花钉上挤微量奶油霜。

3 将烘焙纸粘在花钉上。

4 花嘴向下斜拿，宽开口朝内，窄开口朝外，依照烘焙纸上画的分隔线，挤出第一瓣花瓣。边挤边逆时针转动花钉。

5 将第一瓣背面转向自己，挤相邻的第二瓣花瓣。

6 后续以相同手法，完成第三、第四瓣花瓣。

7 完成第五瓣花瓣。

8 使用0~3号圆形花嘴，在中心点上花蕊，完成。

大牡丹

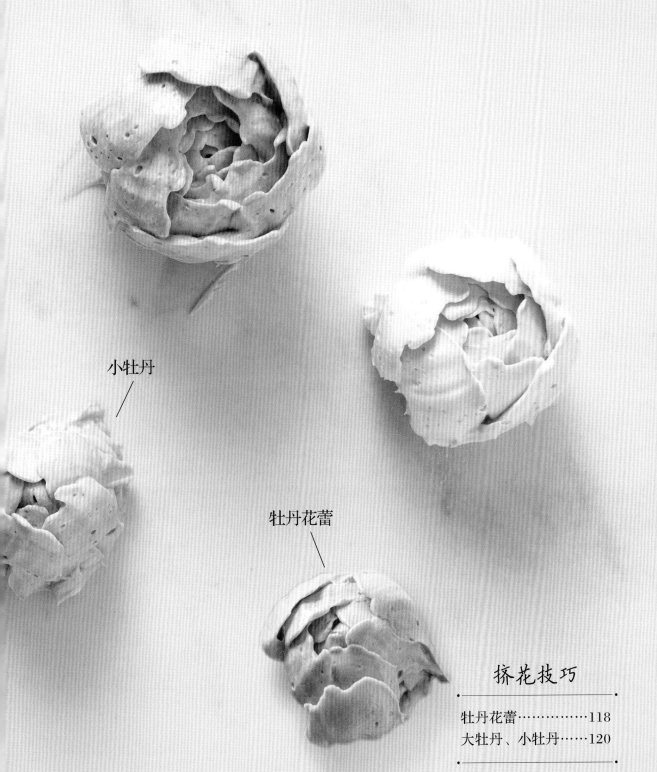

小牡丹

牡丹花蕾

挤花技巧

挤花技巧
牡丹花蕾

花嘴

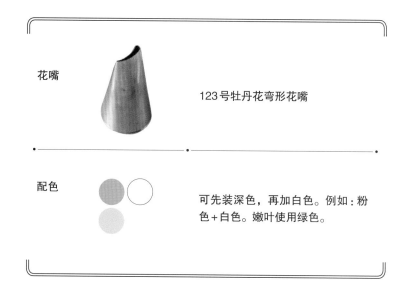

123号牡丹花弯形花嘴

配色

可先装深色，再加白色。例如：粉色+白色。嫩叶使用绿色。

底座

1 花嘴向下，凹槽面向自己，在花钉中心位置顺时针螺旋形往上绕圈。

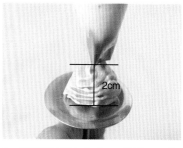

2cm

2 底座无须挤太大，高约2cm即可。

3 最后完成类似三角锥的形状。

· · 花瓣中心

4 花嘴立起，开口朝11点钟方向，花嘴底部稍压到底座。

5 右手位置不动，持续挤花，左手不停转动花钉，两个动作必须同时进行，绕一圈即完成花瓣中心。

· · · 花瓣

花瓣弧线操作示意

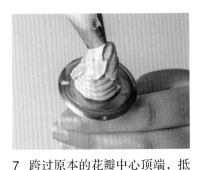

6 花嘴向下，紧贴着原先挤好的底座侧边，由下画弧线往上挤。右手挤的同时，左手逆时针转动花钉。

7 跨过原本的花瓣中心顶端，抵达对侧的侧边底部。

小提示
可边挤边抖动，让花瓣产生自然皱褶，增添真实感。

8 继续上述手法，持续完成外圈花瓣。从侧面看，每一瓣的位置皆贴着上一瓣的旁侧。

9 挤出1~2层，即可换成绿色奶油霜制作嫩叶。

10 轻贴花瓣，花嘴朝11点钟方向，每瓣抓好约莫等距的间隔，以画弧线的方式挤出三片嫩叶即完成。

挤花技巧

大牡丹、小牡丹

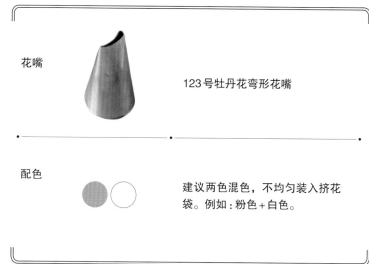

花嘴

123号牡丹花弯形花嘴

配色

建议两色混色，不均匀装入挤花袋。例如：粉色＋白色。

底座　同牡丹花蕾，请见p.118

花瓣中心　同牡丹花蕾，请见p.119

花瓣

1　花嘴向下，紧贴着原先挤好的底座侧边，由下画弧线往上挤。右手挤的同时，左手逆时针转动花钉。

2 跨过原本的花瓣中心顶端，抵达对侧的侧边底部。

小提示
可边挤边抖动，让花瓣产生自然皱褶，增添真实感。

3 从侧面看，每一瓣的位置皆贴着上一瓣的旁侧。牡丹最需要注意的是由上往下看的俯视效果，侧面角度不需太在意。

4 从俯视图看，外圈花瓣会微微盖住内圈花瓣。

5 以相同的手法继续完成外圈的花瓣。

花瓣顶端走向俯视示意

6 大小适中即可，若是大牡丹的话，就挤满花钉。

桔梗

五瓣花

苍兰

挤花技巧

挤花技巧
桔梗

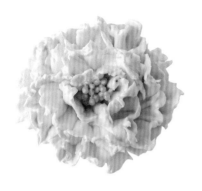

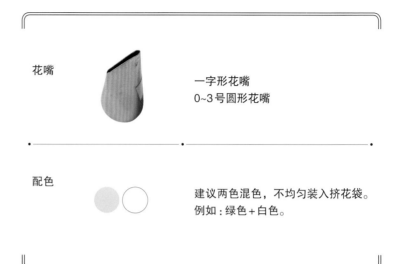

花嘴		一字形花嘴 0~3号圆形花嘴
配色		建议两色混色，不均匀装入挤花袋。 例如：绿色＋白色。

底座

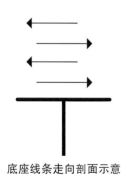

底座线条走向剖面示意

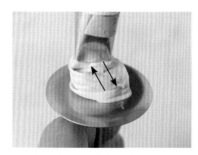

1 花嘴向下，横向握拿。在同一个位置，以前后往返的方式挤出底座。

2 完成后底座类似圆柱状。

花瓣

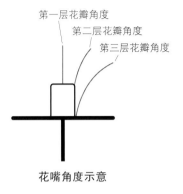

第一层花瓣角度
第二层花瓣角度
第三层花瓣角度

花嘴角度示意

1 花嘴立起，开口约朝12点钟方向。

2 右手挤的同时，左手逆时针转动花钉。

3 右手一边挤一边上下抖动，可以做出花瓣的皱褶，显得更自然。

4 由于花瓣较薄，完成第一层后，要贴回中心点。

5 无须刻意计算花瓣量（为2~3瓣），只需挤成一个圆形即可。

6 以相同的手法但花嘴角度不同（参考示意图），陆续完成第二层、第三层花瓣。使用牙签在花瓣边轻拨，让花瓣更仿真。

7 使用0~3号圆形花嘴，在中心点上花蕊，完成。

挤花技巧
五瓣花

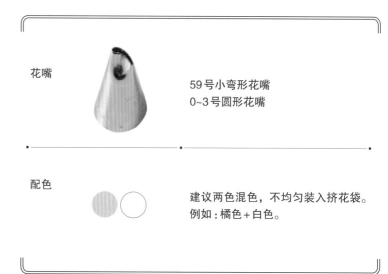

花嘴   59号小弯形花嘴
             0~3号圆形花嘴

配色   建议两色混色，不均匀装入挤花袋。
             例如：橘色＋白色。

底座

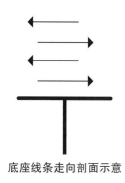

底座线条走向剖面示意

1 花嘴向下，横向握拿，在同一个位置，以前后往返的方式挤出底座，完成后侧面类似三角锥状。

花瓣

9点钟

1 花嘴平拿，开口朝9点钟方向，下方开口紧贴底座。

2 挤出等距的五瓣花瓣，每一瓣只需一小截，结束时轻轻往内压一下做固定。

3 以相同的手法进行，每瓣收尾时轻轻拉起。

4 每瓣中间皆留有空隙，完成五瓣后可开始挤花瓣中心。

5 使用0~3号圆形花嘴，围着花瓣中心以点状围挤出一圈小点点，最后在正中央点缀一小点即完成。

挤花技巧

苍兰

花嘴

大小弯形花嘴皆可（小花朵用小弯形花嘴，大花朵用大弯形花嘴）
0~3号圆形花嘴

配色

建议两色混色，不均匀装入挤花袋。例如：橘色＋白色。

底座

底座线条走向剖面示意

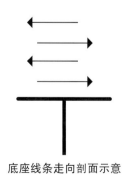

1　花嘴向下，横向握拿，在同一个位置，以前后往返的方式挤出底座，完成后侧面类似三角锥状。

花瓣

三瓣花瓣排列方式
俯视示意

1 第一层的第一瓣，要从底座的
旁边开始挤。

11点钟

2 花嘴朝11点钟方向，右手挤的
同时，左手逆时针转动花钉。
以相同手法，共挤出三瓣。

花瓣内外层交错示意

花瓣中心需留空心

3 三瓣中心需留空心。

4 以相同手法挤第二层花瓣。外
层花瓣的起点安排在内层花瓣
的两瓣中间，内外层位置交
错，这样做出的花瓣仿真效果
更好。

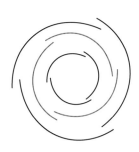

花瓣三层交错示意

5 以相同手法挤第三层花瓣，但
花瓣要比上一层更宽一些，角
度也要更开一点。

6 使用0~3号圆形花嘴，在原先
预留的空心处，挤出一个个花
蕊，完成。

櫻花（双层）

樱花（单层）

小雏菊

挤花技巧

挤花技巧
樱花（单层）

花嘴		102号或103号或104号等腰三角形花嘴 0~3号圆形花嘴 要做大些的花使用大一点的花嘴即可。
配色		在挤花袋窄的地方放入深色，会挤出边缘为深色的花瓣。 也可以将混色（不均匀）装入挤花袋，两种方法都能让花朵仿真效果更好。

花瓣

1 初学者可以先剪一张和花钉大小差不多的烘焙纸，在纸上画圆并分隔出五等份。

2 在花钉上挤微量奶油霜。

3 将烘焙纸粘在花钉上。

花瓣边挤成心形

4 花嘴向下斜拿，宽开口朝内，窄开口朝外。

5 依照烘焙纸上画的分隔线，以绘制心形的方法，挤出第一瓣花瓣。

6 第一瓣花瓣完成。

7 紧挨着第一瓣，以相同手法挤出第二瓣花瓣。

8 右手挤的同时，左手逆时针转动花钉，继续依照底图参考范围，完成五瓣花瓣。

9 使用0~3号圆形花嘴，在中心点缀3~5个花蕊，完成。

挤花技巧

樱花(双层)

花嘴		102号 或 103号 或 104号 等腰三角形花嘴 0~3号圆形花嘴 要做大些的花使用大一点的花嘴即可。
配色		在挤花袋窄的地方放入深色，会挤出边缘为深色的花瓣。 也可以将混色(不均匀)装入挤花袋，两种方法都能让花朵仿真效果更好。

第一层花瓣　同樱花(单层)，请见p.132

第二层花瓣

1　将第一层视为底座，在其上方以相同手法，制作第二层的五瓣花瓣。

两层花瓣位置交错状态
（红色：第一层花瓣位置；
黑色：第二层花瓣位置）

2 第二层的位置起始于第一层的
花瓣之间，两层位置交错，更
显立体感与真实感。

3 第二层完成后，使用0~3号圆形花嘴，在中心点缀上花蕊，完成。

挤花技巧
小雏菊

花嘴

103号或104号等腰三角形花嘴
0~3号圆形花嘴
要做大些的花使用大一点的花嘴即可。

配色

建议两色混色，不均匀装入挤花袋。
例如：蓝色＋白色。

花瓣

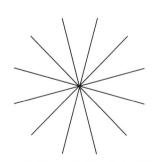

1 初学者可以先剪一张和花钉大小差不多的烘焙纸，在纸上画圆并分隔出十二等份。

2 在花钉上挤微量奶油霜，将烘焙纸粘在花钉上。

3 花嘴向下斜拿，宽开口朝内，窄开口朝外，依照烘焙纸上画的分隔线，挤出第一瓣花瓣。

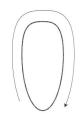

第一瓣花瓣挤奶油霜手势方向示意（红色为花瓣，黑色为挤的手势方向）

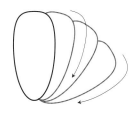

第二瓣之后花瓣挤奶油霜手势方向示意（每瓣皆从上一瓣下方开始，黑色为手势方向，第二瓣之后花瓣，只须挤一半即可）

4　紧挨着第一瓣，以相同手法挤出第二瓣花瓣。

5　右手挤的同时，左手逆时针转动花钉。陆续完成共12瓣花瓣。

6　完成全部花瓣。

7　使用0~3号圆形花嘴，在中心点上花蕊，完成。

银莲花

绿球藻

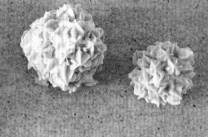

叶子

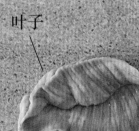

挤花技巧

挤花技巧
银莲花

花嘴

103号或104号等腰三角形花嘴
0~3号圆形花嘴

配色

通常用黄色作为花瓣色,白色作为花蕊色。
建议选择对比强烈的颜色进行搭配。

花瓣

1 初学者可以先剪一张和花钉大小差不多的烘焙纸,在纸上画圆并分隔出五等份。

2 在花钉上挤微量奶油霜,将烘焙纸粘在花钉上。

3 花嘴向下,右手边挤边抖动,方向由中心朝线条末端走,左手逆时针转动花钉,右手顺时针绕着绘制的分隔线,挤出椭圆形。

4 以相同手法，依序挤出五瓣花瓣，即完成第一层。

5 第二层的起点为第一层的收尾交接处，以相同手法，挤出第二层的五瓣花瓣。

花瓣长短示意

6 第二层完成。

小提示
第二层花瓣要挤得比第一层的短。

7 使用0~3号圆形花嘴，在中心点缀少量花蕊，再围绕中心点一圈，完成。

挤花技巧
绿球藻

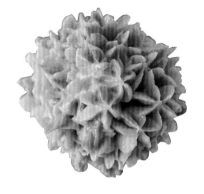

花嘴

5号或7号圆形花嘴（用于底座）
16号或23号星形花嘴（用于花瓣）

配色

建议两色混色，不均匀装入挤花袋。例如：黄色+红色。

底座

1 使用5号或7号圆形花嘴，花嘴向下，挤出圆形底座。（要做大球藻则用较大花嘴）。

2 完成的底座呈球形。

花瓣

花瓣位置交错示意

4 将花嘴改为16号或23号星形花嘴，花嘴立拿。

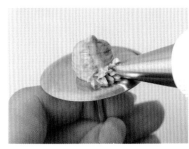

5 从底座侧面开始挤，边转边挤，直到围绕底部挤完一圈。

6 底圈完成后，上移一层并在两瓣之间，继续以相同手法挤出第二层。

小提示
上层起始点为下层花瓣的两瓣交错处。

7 顺序为由下往上堆叠，将底座覆盖。

8 将花瓣挤满，全面覆盖底座即完成。

小提示
收尾时力气减弱，稍微向
前推一下，尾端才会干净
利落。

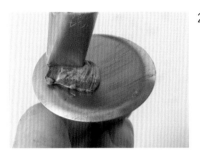

2 左手逆时针转动花钉，右手边
　挤边抖动，两手同时进行。

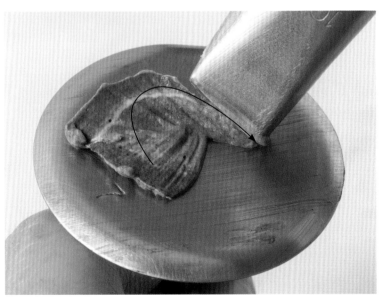

3 挤的方向类似绘制逗号，起点处散开，收尾拉长。花嘴的拿法是
　在收尾时改成立拿，收尾线条会呈现比较立体的效果。

多肉植物b

多肉植物c

多肉植物d

多肉植物e

多肉植物a

挤花技巧

挤花技巧

多肉植物a

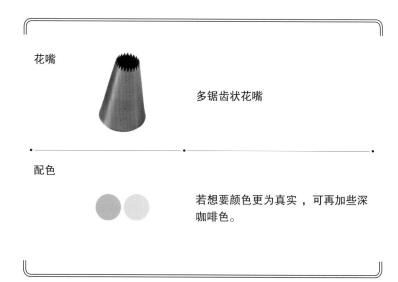

花嘴

多锯齿状花嘴

配色

若想要颜色更为真实 ，可再加些深咖啡色。

叶片

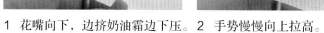

1 花嘴向下，边挤奶油霜边下压。　2 手势慢慢向上拉高。

3 快到顶部时力气减弱做收尾。

4 于第一条奶油霜柱右侧挤第二条奶油霜柱。

5 高度约超过第一条奶油霜柱一半时，方向稍微向外拉，同样接近顶端时力气要减弱收尾。

6 以相同手法挤出第三条奶油霜柱，尺寸与第二条差不多。

小提示
建议挤完后冷藏5~10分钟，会更容易取下来。

挤花技巧

多肉植物 b

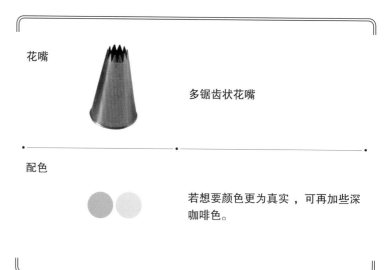

花嘴

多锯齿状花嘴

配色

若想要颜色更为真实，可再加些深咖啡色。

底座

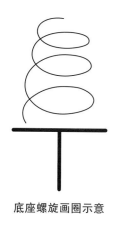

底座螺旋画圈示意

1 花嘴向下，旋转式边挤边压，螺旋形上升。

2 完成后形状类似小圆柱。

叶片

叶片位置交错示意

3 在底座侧边开始挤，紧贴底座，收尾时轻轻拉起。

4 重复挤→拉的动作，完成最底层的外圈。

5 底层完成后，上移一层，以下层两条奶油霜柱的交叉处作为此层的起点，以相同手法挤满一圈。

小提示

越往上层，奶油霜柱要越短些。

6 由下而上，持续挤奶油霜柱直到全面覆盖底座即完成。此款可作为圣诞树使用。

小提示

建议挤完后冷藏5~10分钟，会更容易取下来。

挤花技巧

多肉植物c

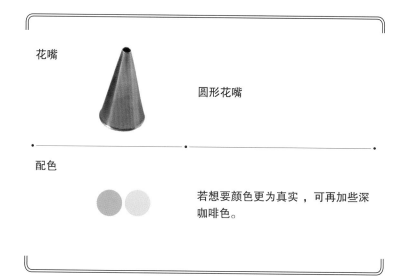

花嘴

圆形花嘴

配色

若想要颜色更为真实，可再加些深咖啡色。

底座

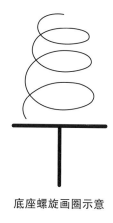

底座螺旋画圈示意

1 花嘴向下，旋转式边挤边压，螺旋形上升。

2 完成后形状类似小圆柱。

叶片

叶片位置交错示意

3 在底座侧边开始挤，紧贴底座，收尾时轻轻拉起。

4 重复挤→拉的动作，完成最底层的外圈。

5 底层完成后，上移一层，以下层两条奶油霜柱的交叉处作为此层的起点，以相同手法挤满一圈。

6 由下而上，持续挤奶油霜柱直到全面覆盖底座即完成。

小提示

建议挤完后冷藏5~10分钟，会更容易取下来。

挤花技巧

多肉植物 d

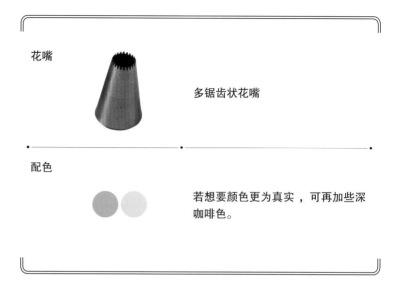

花嘴

多锯齿状花嘴

配色

若想要颜色更为真实，可再加些深咖啡色。

•

叶片

1 花嘴向下，边挤奶油霜边下压。

2 手势慢慢向上拉高，快到顶部时力气减弱做收尾。

小提示

建议挤完后冷藏5~10分钟，会更容易取下来。

挤花技巧

多肉植物e

花嘴

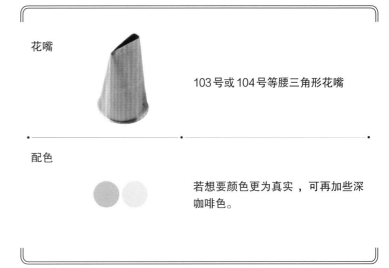

103号或104号等腰三角形花嘴

配色

若想要颜色更为真实，可再加些深咖啡色。

底座

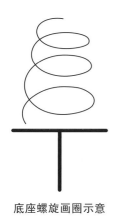

底座螺旋画圈示意

1 花嘴向下，旋转式边挤边压，螺旋形上升。

2 完成后形状类似小圆柱。

叶片

3 花嘴紧贴底座上方，方向朝下，右手挤的同时，左手逆时针转动花钉。

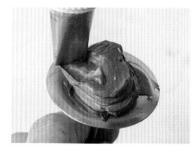

4 将叶片挤成叶子状。

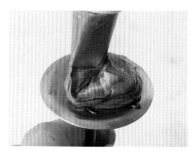

5 每片叶子收尾时花嘴稍微立起，到顶端不再用力。

6 收尾时尾端朝内缩。

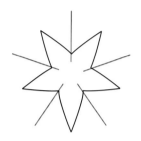

叶片交错俯视示意

7　挤出五片叶子，第一层即完成。

8　底层完成后，上移一层，以下层两片叶子交叉处作为此层的起点，以相同方法挤满一圈。

小提示

若是做圣诞红（可使用红色奶油霜），步骤到此即可结束。若要做多肉植物，则继续后面步骤。

9　将花嘴立起，紧贴顶端，左手逆时针转动花钉，右手轻挤出小圆瓣。

10　挤2~3瓣，收尾时往中心轻压。

小提示

建议挤完后冷藏5~10分钟，会更容易取下来。

Chapter 05

—

组合

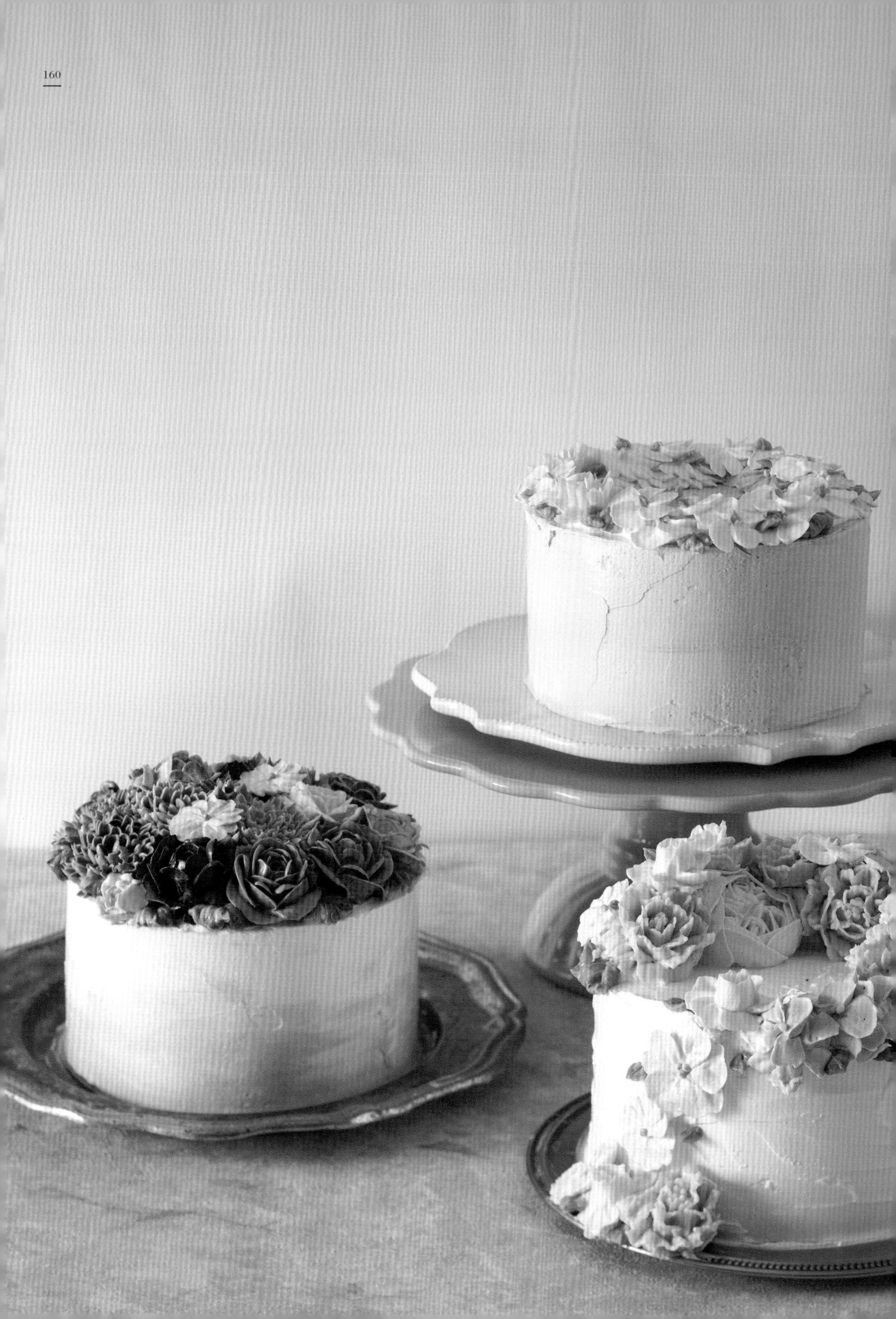

组合之前，最重要的就是配色

　　以蛋糕装饰来说，我认为最重要的是颜色的选择与搭配，摆法组合和挤花技巧反在其次。在同一个蛋糕上面，尤其是做奶油霜挤花时，我会建议初学者先选定一个深色，在深色中慢慢加入奶油霜做出浅色，再搭配颜色适合的叶子，这样作品看起来才不会凌乱。另外，深色花朵的占比不能太多，颜色越深的花朵要做成中或小尺寸，看起来才不会喧宾夺主破坏整体感。

　　若是要使用两种以上的颜色进行搭配：

1）建议从色彩表选出主色之后，两旁的两个颜色作为次色。主色的花朵要放多一点、次色的要放少一点，这样的作品会给人比较柔和的感觉。这是本书最常使用的配色原则。

2）若是使用互补色来配色，作品的视觉冲击力会更强烈些。这时不妨使用浅色的互补色，例如，浅黄色和浅紫色进行搭配。

3）可参考pantone色卡中的组合配色去调色，非常好用。只是记得深色作为主色时，花朵做成中小朵，次色部分花朵可做成大朵，整体落差就不会太大。

4）本书中也有一款黑白经典款的搭配，黑白配色很容易做出时尚感和设计感，适合初学者尝试。

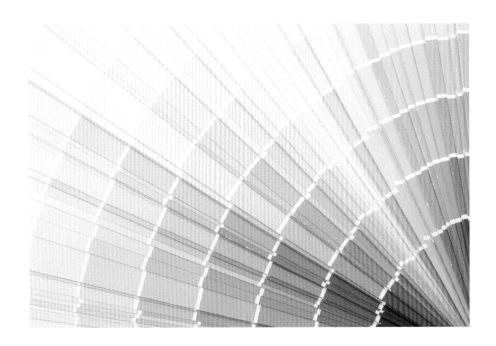

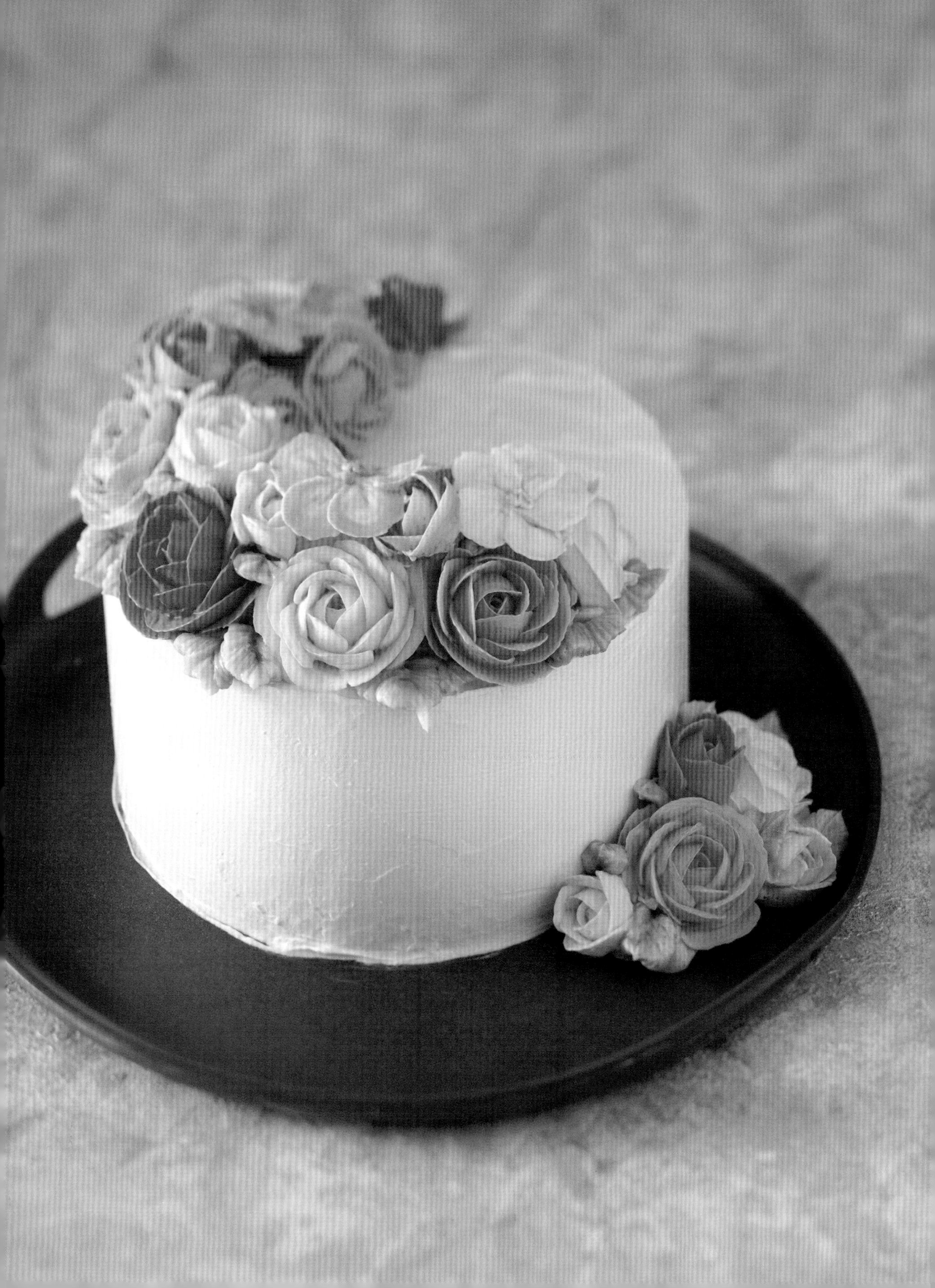

半月形

准备工作和要点

·**使用花朵**：主花——大、小玫瑰；小花——苹果花

·**色彩搭配**：

·**摆放顺序**：⑴底座＋外圈＋内圈→⑵两侧→⑶顶端＋延伸→⑷挤上
  叶子＋点缀小花

·外圈摆放大型或中型的花朵。

·外圈的花芯向外，内圈的花芯向内，让花朵处于同一个弧度。

·从外圈开始先用深色做定位，再用相近颜色或是浅色穿插其中。
  内圈选用中间色，连接深色与浅色。

·抽取花剪的时候需注意位置，尽量找缝隙，避免碰到其他花朵。

·如果花朵太软，可以放冰箱冷藏10分钟左右，以免夹取时融化。

组合方法

01 底座 + 外圈 + 内圈

先挤上半月形奶油霜作为底座，摆放最大、颜色最深的花朵。

02 两侧

在两侧摆放中型、小型花朵，并在尾端摆放颜色最浅的花朵。

03 顶端 + 延伸

顶端的缝隙之间摆放小玫瑰或是花蕾。如果缝隙太大或太深，可以挤上一点奶油霜再摆放。在蛋糕底侧挤好固定花朵用的奶油霜，放些花朵作为延伸。

04 挤上叶子 + 点缀小花

在缝隙间挤上叶子，在玫瑰上点缀些小花即可。

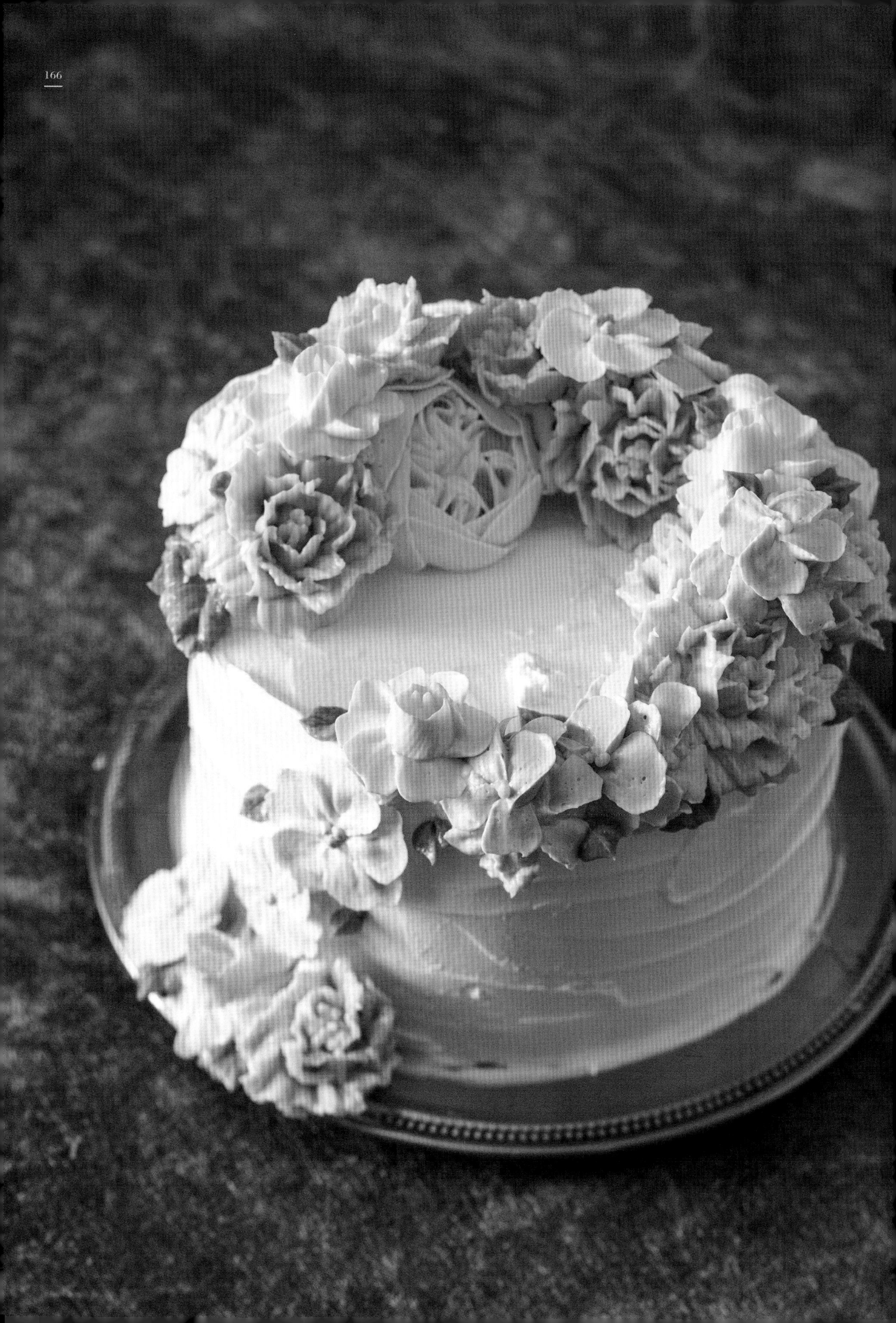

延伸半月形

准备工作和要点

- **使用花朵**：主花——牡丹；次花——桔梗；小花——水仙、苹果花、绣球花
- **色彩搭配**：
- **摆放顺序**：①底座＋外圈→②两侧→③内圈→④顶端→⑤延伸往上

小贴士

- 外圈摆放大型或中型的花朵。
- 以粉色牡丹作为主花，再点缀黄绿色桔梗，顶端放上粉橘色水仙，最后以紫色苹果花、绣球花作为跳色。
- 完成半月形组合之后，从蛋糕底侧往上延伸摆放单层的花朵，如苹果花，呈现华丽与垂坠的感觉。
- 抽取花剪的时候需注意位置，尽量找缝隙，避免碰到其他花朵。
- 如果花朵太软，可以放冰箱冷藏10分钟左右，以免夹取时融化。

组合方法

01 底座 + 外圈

挤出2/3大半月形底座。从最饱满、最漂亮的花朵开始摆放，依序再摆放中型的花朵，为垂坠的线条做准备。

02 两侧

在两侧各摆放一朵桔梗，收尾。

03 内圈

摆放内圈桔梗，并于缝隙之间摆放桔梗。

04 顶端

在顶端摆放水仙、苹果花、绣球花。

05 延伸往上

在蛋糕底侧摆放桔梗和小花，再延伸往上摆放苹果花，连接上方小花。

平面花环形

准备工作和要点

·**使用花朵**：樱花、小雏菊、苹果花

·**色彩搭配**：

·**摆放顺序**：⑴底座＋沿圆形摆放→⑵底座挤花→⑶点上花蕊＋挤
上叶子

小贴士

·此款组合是由成簇的小花构成的，同类与同色的花朵需成组摆放
才不显凌乱。

·把整个蛋糕区分成四等份，分区摆放成组的花朵。

·以粉色、白色为基调，局部点缀黄色作为跳色。

·抽取花剪的时候需注意位置，尽量找缝隙，避免碰到其他花朵。

·如果花朵太软，可以放冰箱冷藏10分钟左右，以免夹取时融化。

组合方法

01 底座+沿圆形摆放

沿着圆形底座摆放花朵，
稍微重叠也无妨。较漂亮
的花朵放在顶端并朝上。

02 底座挤花

使用弯形小花嘴垂直挤出
三瓣小花作为装饰，花瓣
部分可有些许重叠。

小提示

由于弯形小花嘴开口较细
薄，与菊花挤花一样需要垂
直往上挤。另外，需用力挤
花瓣才会稍厚，往上挤花瓣
则会稍向外。

03 点上花蕊 + 挤上叶子

使用圆形花嘴点上花蕊，其
余小细缝挤上叶子即完成。

立体花环形

准备工作和要点

· **使用花朵**：牡丹花蕾、大牡丹、小牡丹

· **色彩搭配**：

· **摆放顺序**：⑴底座→⑿外圈→⒀内圈→⒁铺满外圈→⒂顶端→⒃挤
上叶子和小花苞

小贴士

· 外圈摆放大型或中型的花朵。

· 先摆放外圈，超过半圆之后再放内圈。记得留一定空间方便将花夹
入内圈。

· 在同一个区块摆放颜色相近但不同色的花朵。

· 抽取花剪的时候需注意位置，尽量找缝隙，避免碰到其他花朵。

· 如果花朵太软，可以放冰箱冷藏10分钟左右，以免夹取时融化。

组合方法

01 **底座**

为了做出饱满的立体感，需挤出 2～3 层半月形底座。

02 **外圈**

在第一个半圆的中段位置摆放最大、颜色最深的花朵，再依序摆放花朵。超过半圆之后再放内圈。记得留一定空间方便将花夹入内圈。

 ▶

 ▶

 ▶

03 内圈

内圈尽量选用中、小型花朵。

04 铺满外圈

将预留的外圈空间填满。

05 顶端

在顶端缝隙之间摆放小型
花朵或花蕾。

06 挤上叶子和小花苞。

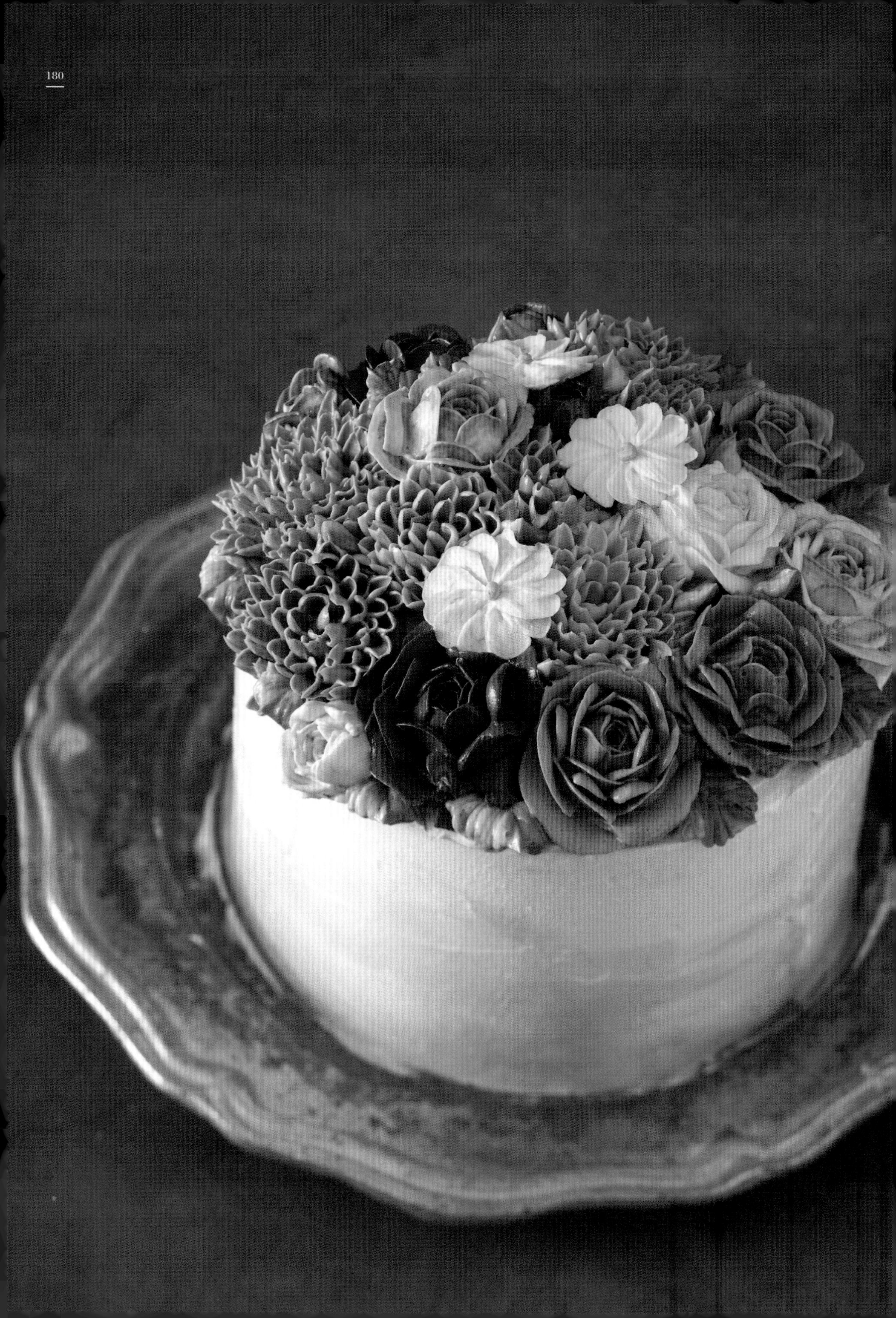

满版盛开形

准备工作和要点

· **使用花朵**：主花——菊花、大玫瑰、小玫瑰、玫瑰花蕾；小花——小雏菊

· **色彩搭配**：● ● ● ● ● ● ● ● ●

· **摆放顺序**：⓪1底座→⓪2外圈→⓪3内圈→⓪4铺满外圈→⓪5铺满内圈→⓪6铺满花蕾→⓪7点缀小花→⓪8挤上叶子

小贴士

· 外圈摆放大型花朵。内圈摆放中、小型花朵。可先预留几朵最漂亮的花朵放在最顶端。

· 先摆放外圈，超过半圆之后再放内圈。

· 由于内圈花朵较多，在抽取花剪时小心不要碰到已摆放好的花朵。若是有些地方太过凹陷，可以先铺上奶油霜；若是花朵太突出，则可以将花朵底部剪掉一些。务求呈现一个饱满的半球面。

· 抽取花剪的时候需注意位置，尽量找缝隙，避免碰到其他花朵。

· 如果花朵太软，可以放冰箱冷藏10分钟左右，以免夹取时融化。

组合方法

① **底座**

为了制造满版的效果，需挤出如图的圆锥状底座。

② **外圈**

从最大、颜色最深的花朵开始摆放，超过半圆之后再放内圈。

 ▶

 ▶

③ **内圈**

内圈选择小型或中型的花朵，摆放在外圈两个花朵之间。

 ▶

⑷ 铺满外圈

将外圈摆满，若是大花在
最后的位置放不下，建议
使用两个中型花朵摆满。

⑸ 铺满内圈

内圈剩余的空间用中型花
朵摆满。

06 铺满花蕾

在缝隙之间铺上玫瑰花蕾。

07 点缀小花

在顶端点缀一些小雏菊。

08 挤上叶子

延伸介绍：杯子蛋糕组合

单朵

平面多朵

立体多朵

Chapter 06

创意造型蛋糕

蓬蓬裙的夏天
2D 双层玫瑰蛋糕

蛋糕如同穿上了蓬蓬裙一样，绿色象征的是未成
熟的青涩果实，用渐层表现果实由深色转至浅
色。而白色的奶油霜小花带来纯净之感。

1 将惠尔通（Wilton）2D六齿星特殊大花嘴放入挤花袋，用剪刀依照花嘴1/4的位置在挤花袋上做记号。

2 再依做记号的部分，剪开挤花袋。

3 将奶油霜装入挤花袋，从蛋糕侧面找一个点开始挤花。

4 顺时针绕圈挤花，挤满第一圈。

5 将原先的奶油霜，再加一点白奶油，使颜色产生渐层，再依照第一圈方式挤，挤满第二圈即完成。

6 最上层部分，请见2D挤花技法（p.193）。

7 挤完后会产生一些缝隙，可以在缝隙处挤点奶油霜填满缝隙。

延伸介绍：2D挤花技法

玫瑰花造型

1 在杯子蛋糕中心开始挤花。
2 挤出奶油霜时花嘴尽量悬空，这样才能维持住奶油霜的线条。
3 逆时针绕一圈。
4 最后将花嘴稍微往下压一下即完成。

冰淇淋造型

1 在杯子蛋糕中心开始挤花。
2 逆时针螺旋而上，每一圈渐渐缩小。
3 大约绕三圈之后往上拉离即完成。

优雅的仕女
粉橘菊花挤花蛋糕

我们在穿搭衣服时，有时候并不需要多贵重的装饰，只要注意几个要点，例如选对颜色或单品，也会让自己看起来很有品味。这个蛋糕的设计理念就如上所述，借助装饰不规则的巧克力切片，展现出缤纷的视觉效果和作品张力。

A) 制作苹果焦糖蛋糕　做法请见 p.024

B) 不规则巧克力做法

1　准备一张烘焙纸，将熔化的巧克力慢慢倒在烘焙纸上。趁巧克力还没凝固时，一只手高、一只手低托起烘焙纸，让巧克力流向不同层面。

2　利用上手臂让巧克力呈现弧度。3　左右边角可以稍微折一下。

C) 巧克力切片做法

4　将熔化的巧克力倒在一张放在平面上的烘焙纸上，让巧克力在烘焙纸上流淌。　5　用刀子划一条条线，可依照自己的喜好或是设计的款式切割。

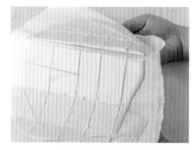

6 等到巧克力稍变硬，慢慢将烘焙纸往下折，即可轻松拿起巧克力切片。

D) 淋面　做法请见p.026

E) 组装

7 用刀子划一下蛋糕，方便插放巧克力片。

2 将不规则巧克力随意剥下数片之后，插在蛋糕上。

8 蛋糕侧面也插些巧克力切片。

9 在蛋糕上面挤上奶油霜。

10 准备挤好的菊花，做法请见 p.100。

11 使用花剪将菊花一朵朵摆放在蛋糕上，原则上只要菊花朝上且花芯向外即可。

12 可以在底侧摆放一些菊花。

13 粘上食用银箔。

婚礼最美的配角
牡丹真花蛋糕

国外有许多以裸蛋糕搭配鲜花的做法，而三层蛋糕更常用来作为派对或是婚礼蛋糕。花朵的颜色选搭，可以依婚礼或是场合的需求而定。建议选择同一色系，但是使用深浅色做变化，避免颜色太多而让画面显得凌乱。

1 准备好一个三层蛋糕后，开始修剪鲜花的叶子。

2 斜剪花梗。

小提示
花梗不要留太长，以方便插入蛋糕为宜。

小提示
鲜花通常到会场或是现场才会摆放。如果鲜花买回来时还没怎么开的话，记得放在室内有光的地方，或是稍微戳揉花瓣让它加速绽放到你需要的状态。另外，因为季节不同，选择的花朵也不同，还需特别留意花朵的保存方法。

3 先放进水盆吸水。

4 拿一张纸巾吸水后，放在铝箔纸上。

5 将修剪好的花放在铝箔纸上。　6 用铝箔纸将花梗包起来。

 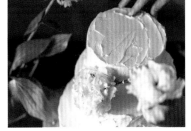

7 将花斜放插入蛋糕，注意分层错落摆放。

小提示

可选用有机种植的食用花，若买不到食用花，则需要注意几个处理细节：

1. 拔除花蕊和花粉，避免弄到蛋糕上，或是尽量选择没有花粉的花。
2. 花瓣先浸泡在水中做第一次清洗，再用高浓度玫瑰酒对花瓣消毒，最后用餐巾纸擦拭花瓣。

秋意上心头
无花果裸蛋糕

裸蛋糕是近年来最流行的蛋糕表现形式，如果喜欢深色，建议蛋糕体就使用巧克力类。简单地淋上巧克力淋面，搭配无花果色的拉糖，整体更和谐。若是使用莓果类（蓝莓、覆盆莓、草莓……），也可以依选用的莓果变换拉糖的颜色。

A) 制作巧克力蛋糕　做法请见p.022

B) 糖浆脆片做法

 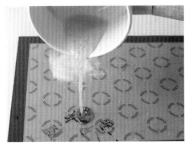

1　准备艾素糖、色膏、不粘锅和　　2　将色膏点一些在硅胶垫上，
　　硅胶垫。　　　　　　　　　　　　　倒入加热后的糖浆（艾素糖
　　　　　　　　　　　　　　　　　　　可直接加热）。

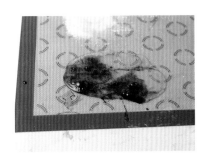

3　倒入糖浆后，色膏会晕开。

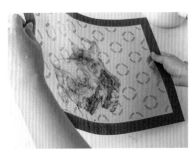 

4　拿起硅胶垫左右晃动，让糖浆流淌成薄薄的一层。

5 拉出自己想要的线条与形状。

6 也可以将糖一片一片剥开。

小提示

糖浆很烫，要小心操作。

C) 淋面　做法请见p.026

D) 组装

将无花果和糖浆脆片装饰于蛋糕上。做法如粉橘菊花挤花蛋糕（请见p.196）。

希望
黑色奶油霜蛋糕

在宁静的夜晚或是无边的黑暗中，银河依然存在，也一直都会有星星和光，所以这个蛋糕名为"希望"。使用大量深色的黑巧克力奶油霜，表现夜空的深邃；再以深蓝色奶油霜表现出银河，蓝色深邃又带给人平静感；用金、银粉完成星星的效果；最后再加上仙女棒的光亮，仿佛点亮希望之光。

1 在奶油霜中加入大量熔化的黑巧克力，再加一点黑色色膏即可成为颜色很深的黑色奶油霜。先抹出抹面，上面部分不需太平整。

2 使用一点点白色奶油霜加蓝色色膏，调出蓝色，再加一点黑色色膏即可产生深蓝色奶油霜。将其不规则地抹在蛋糕侧面。

3 使用抹刀将奶油霜抹平。

4 在食用金、银粉内加入一点食用酒精。

5 拿一支水彩笔，将制作好的金、银粉液洒在蛋糕上面，做出星空的样子。

6 放上食用糖果。

7 点上仙女棒，装饰在蛋糕上。

英伦色彩
彩虹戚风蛋糕

为了承载奶油挤花的重量，挤花蛋糕通常使用磅蛋糕或奶油蛋糕，这款作品则使用了戚风蛋糕。请不要放上太多挤花，以免压坏蛋糕。抹面使用粉色和蓝色等偏英伦风的色彩。使用食用色素做出彩虹颜色的蛋糕体，切开后一定令人大为惊喜！

A) 制作彩虹色戚风蛋糕　做法请见p.020

材料

鸡蛋…5个

白砂糖…40g

色拉油…75g

牛奶…125g

低筋面粉…165g

A ┌ 蛋白…240g
　└ 白砂糖…125g

B) 彩虹戚风挤花蛋糕做法

1　抹好粉红色的裸蛋糕。做法请见p.026。

2　使用粉色色膏加一点咖啡色，调出深蓝色奶油霜，再继续加入奶油色，调出水蓝色与浅蓝色奶油霜。

3 将深蓝色奶油霜不规则地抹在蛋糕下半部。

4 再使用水蓝色奶油霜不规则地覆盖在深蓝色奶油霜上。

5 再使用浅蓝色奶油霜覆盖。

6 准备牡丹、英式玫瑰、绣球花挤花。

7 如图组合摆放花朵。

8 使用圆形花嘴挤出小花苞，填满缝隙。可使用黄色带一点咖啡色的颜色，会使小花苞看起来更真实。

云朵上的白日梦
巧克力裸蛋糕

有云也有星星，可以做梦的日子，很是开心！用圆形花嘴堆叠出云朵的形状，可使用大小不同的花嘴，更能营造真实感。再用巧克力片做出星形，抹面部分用带一点巧克力的奶油霜，做出满天星空的效果。

A) 巧克力奶油霜抹面

1 将巧克力奶油霜不规则地分散抹在蛋糕四周。

2 与蛋糕成45度角握拿大刮板。

3 右手位置不动，微微用力，左手逆时针转动转台。

4 完成抹面。

B) 云朵挤花做法

1 使用大、小圆形花嘴，悬空挤出一个个圆珠，再慢慢堆叠，让整体看起来像云朵形状，可以不用太整齐。

C) 星形巧克力片做法

1 将熔化的黑巧克力倒在烘焙纸上。

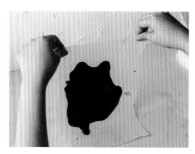

2 将烘焙纸拉起。

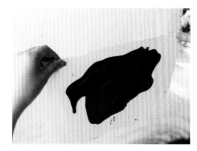

3 让巧克力浆流淌成薄薄的一层。

4 等巧克力变硬，直到可以脱离烘焙纸。

5 使用模型压出星形巧克力片。

D) 组装

将巧克力片装饰在蛋糕上。做法如粉橘菊花挤花蛋糕（请见 p.196）。

复古独角兽
2D 挤花蛋糕

此款蛋糕使用各式不同的2D花嘴来表现独角兽的毛发。由于要做出复古的效果与配色，在每一种深色原色的奶油霜里，都加了一点咖啡色奶油霜或色膏，呈现饱满浓烈的色彩，却不失和谐。

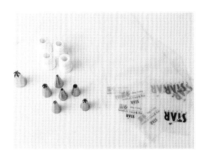

这个蛋糕运用了很多种花嘴，如果要使用同一个颜色、不同花嘴，只要将转接头转开，换上不同花嘴即可，如此就不用每一个花嘴都准备一个颜色。所以转接头的角色非常重要。

调出五种深色奶油霜。每一种颜色都加入一点黑色或咖啡色奶油霜（或色膏），即可调出复古颜色。

1 使用星形花嘴，挤出奶油霜。

2 使用锯齿状花嘴，顺时针绕圈，挤出奶油霜。

小提示

因为花嘴是锯齿状，所以在挤花的时候需要稍微悬空挤，这样才不会压到想拉出的线条。

3 使用樱花状花嘴，轻压一下挤出蓝色樱花。

4 使用6孔花嘴，顺时针绕圈，挤出奶油霜。

5 使用5孔花嘴，轻轻挤一下，成为一朵小花。或是顺时针绕圈挤出奶油霜。

6 使用圆形花嘴，在蛋糕上轻轻挤出一点一点的奶油霜。

7 完成后，装饰小旗子。

8 将翻糖染色。

9 将翻糖搓成长条状。

10 拉出一个水滴形状。

11 旋转绕出麻花，上面拉成尖细状。

12 完成独角兽的角，可另外使用液态金粉刷成金色，装饰在蛋糕上。

大自然的祝福
树叶装饰挤花蛋糕

装饰了树叶与挤花等大自然元素，仿佛一切都充满生命力。多层次的裸蛋糕搭配奶油霜挤花，加上偏长的绿叶，除了可以延伸蛋糕的视觉效果之外，也让挤花看起来更为仿真。

1 在蛋糕中央挤上3cm高的条状底座，两面皆为正面。

2 分成两个部分，从左半部侧边开始摆放第一朵花。依序在两侧摆放花朵。

3 在两朵花之间摆放花朵，在顶端加上小花，完成左半部。

4 参照左半部依序摆放，完成右半部。

5 点缀小花和叶子，并摆放长条绿叶，创造延伸的效果。

经典、简单、时尚
黑白挤花蛋糕

这款蛋糕的设计理念是希望通过黑、白两个颜色的表现，创造既经典又简单时尚的风格，跳脱出挤花蛋糕五彩缤纷的既定印象。黑、白两色搭配，一样可以创造出蛋糕独特的风貌。

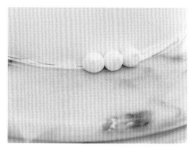 

1 使用圆形花嘴，沿着蛋糕底部边缘，挤出一圈圆珠。

2 用花剪将霜花从烘焙纸上取下来，放至蛋糕上，用手指轻轻地压住中心固定花朵。

3 先将大朵的花定位。

4 在两朵大花之间摆放小花。

5 注意颜色的平衡，同时避免让花朵在同一水平线上呈现，这样看起来才会是生动而不死板的圆环状。

6 将大、小食用糖珠点缀在花朵缝隙中。

专题 1

森林派对

　　喜欢到森林里面探险和野餐，喜欢在高高大大的树下，挂上一个个黄色灯泡，端上好吃的甜点，有朋友也有食物，其乐无穷。常常向往着家里有一个很棒的庭院，院里一定会有树，然后大家坐在树下一起聊天，感觉真的很棒！因为这个心愿，所以就决定结合自己喜欢的甜点与花艺，和朋友们到森林里办一场美丽的派对。

　　花艺部分，我选择了与自己喜欢的花店——"男孩看见野玫瑰"合作。无论是蛋糕、布置、装饰还是花艺，都希望超越常规的视觉效果，让大家知道甜点也能结合生活与美学。希望借助这个专题介绍布置和摆设的简单概念。

设计者简介

男孩看见野玫瑰

我们是一群热爱美式婚礼的花艺师与设计师，渴望多一些植物，多一些自然，为大家带来更有艺术风格的场景布置！

布置和摆设的基本概念

01 确认地点

地点在森林，所以会以木头色系的桌子，或是摆设盘饰来做搭配，再放上串联的灯泡。另外，也选用一些镜面的盘饰营造古典的欧式风情。盘子的围边建议选择同色系，例如，这次大致选择金色，整体感觉看起来才不会太杂乱。

02 确认主题

·桌面摆设概念

  森林桌面：使用木头色系的桌子，搭配木头或是一些镜面的盘饰，这样整体看起来不会太沉和太重。还可以准备烛台、花瓶等布置在桌面上。

·秋千婚礼甜品台摆设概念

  秋千上方先使用玫瑰粉色、白色、橘色等相近的颜色作为主色。白色是非常好搭配的色系，利用布艺来营造柔和感，再搭配草类植物做出延伸感。无论哪一种布置法，确认主色最重要。

03 如何布置

确认布置的色系与风格之后，开始挑选适合的器皿与摆件。另外，也要对场地有一定的了解，比如是否有电、水……再来是执行层面的可行性，包含器具用品的运送，甜点部分建议选择常温保存。

04 花草选择

花草的组合一般来说有三个原则：形的方面，要有大花，也要有小花。色的方面，要有重点色，也要有陪衬的调和色。质的方面，要有硬挺的花，也要有柔软的花；要有光泽的花，也要有没光泽的花。例如，以苔藓做出草地，另外也用了鲜花布置在蛋糕上面，让整个桌面与森林更融合。做户外的婚礼甜品台，也可以使用假蛋糕体，插成捧花蛋糕的样子来布置。

欢乐动物森林

使用简单的符合主题的小配件，如动物模型或是树的模型，都可以简单带出趣味与童心。这款蛋糕的上面加了少许多肉植物挤花与饼干碎屑，如此一来，视觉效果也会更为真实。这样的设计并不需要摆放太多奶油霜挤花，所以可以使用简易的戚风蛋糕作为蛋糕体，适合亲子野餐或是小朋友的派对场合。也可以带着家里的小孩一起制作，增加亲子互动。

蛋糕抹面

做法请见p.023

多肉植物挤花

使用绿色和少量咖啡色奶油霜混合，做法请见多肉植物p.148、p.152。

组合

安排好多肉植物后，撒上饼干碎屑、摆放动物模型。

原木色系森林玫瑰

玫瑰一直是大家最喜爱的蛋糕主题，在制作前就一直思考着如何与森林主题融合。在经过讨论之后，挑战了一个偏深色系，也符合森林主题的颜色——原木色系玫瑰。由最深的咖啡色，渐渐调淡，搭配木头系列的盘饰，让整体颜色能够符合主题。

・
蛋糕抹面

使用咖啡色与绿色奶油霜混合
抹面，做法请见p.213。

・・
玫瑰挤花

使用深浅咖啡色玫瑰，做法请
见p.082。

・・・
半月形组合

将奶油霜挤出半月形底座→在
中间段放上深浅交错的花朵完
成外圈→同法完成内圈→两侧
放上中、小型花朵→缝隙之间
摆放最小花朵和苹果花→挤上
叶子与小花苞。详细做法请见
p.163。

森林里的叶子蛋糕

叶子一年四季都会有不同的变
化，随着风、随着天气、随着温
度改变，从浅绿色变成黄色再转
深绿色或红色。简单的蛋糕抹
面，再搭配当季叶子挤花，即使
是一片片不起眼的绿叶，也可以
成为主角。

双色蛋糕抹面

不规则地抹上灰色奶油霜，再抹上深绿色奶油霜，将深绿色奶油霜和灰色奶油霜抹开。

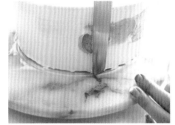 

叶子挤花

做法请见p.144。

组合

用花剪将叶子两个一组，均匀散放在蛋糕上面。

超梦幻粉红玫瑰

　　户外婚礼要特别注意配色，由于四面的草还有树木颜色都比较深，若要让蛋糕成为视觉的焦点，就要使用较饱和也较鲜亮的色系来做设计。这款蛋糕周边的布置为粉红色系的玫瑰花，于是搭配粉色系不规则的波浪纹路抹面，犹如玫瑰花瓣般，再加上花环形的牡丹挤花，就像是婚礼上新娘头上的花冠。

三色蛋糕抹面

使用白色、粉红色、桃粉色三
个颜色奶油霜，先挤出不同颜
色的点点，再用刮刀斜面往右
上抹面。

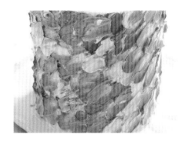

牡丹挤花

挤出紫色、红色同色系牡丹，
做法请见p.120。

花环形组合

将奶油霜挤出圆形底座→在中
间段放上红色系深浅交错的花
朵完成半圈→再放上紫色系深
浅交错的花朵完成另外半圈→
继续放内圈→缝隙之间放上中
型花朵→蛋糕上层摆放最小花
朵→挤上叶子与小花苞。详细
做法请见p.175。

专题 2
奶油霜挤花比美翻糖糖霜

奶油霜玫瑰挤花与翻糖蛋糕

这个作品用翻糖来搭配玫瑰挤花。利用翻糖的可塑性，可以制作出不一样的造型。将翻糖皮披覆在锅子的外层，再将玫瑰满满地挤放在最上方，这样一来才不会让翻糖受潮。很适合朋友来家里用餐后送上当甜点。若是作为礼物送给喜欢锅具的人，也再适合不过了。

设计者简介

STÉPFAN TÖPFER

美国Wilton蛋糕装饰老师

马来西亚CAKE CHALLENGE、韩国KICC等多项国际赛事评审

◎本作品由Ariel和STÉPFAN TÖPFER共同设计、制作。

•
翻糖披覆

1　抹上适量的玉米粉，避免翻糖（Fondant）粘黏。

2　将翻糖擀成适当大小，厚度要均匀。

　　小提示

　　擀翻糖过程如产生气泡，可使用珠针轻轻在气泡上戳一小洞慢慢将空气排出。

3　将擀好的翻糖皮披覆在锅子的外层。

4　将翻糖皮向左右轻拉后再用手轻轻压下，使其能平贴在锅子表面。

5　接着使用整平工具轻轻整平翻糖。

6　使用轮刀将多余翻糖切下。

7　轻抹上薄薄一层玉米粉，避免出油。

8　再进行一次整平操作。

　　小提示

　　在进行侧面整平操作时，可使用整平板压在上面以利固定。如直接用手碰触，容易造成翻糖表面不平。

9　完成翻糖蛋糕（锅子）。

··
奶油霜挤花组合

1 在中央挤上奶油霜。

2 从最深颜色的花朵开始摆放，深浅交错从最外圈放满一半，再放另一半。在缝隙之间摆上最小花朵。

3 事前将叶子挤好放在冷冻室，撕下烘焙纸。

4 依序放上叶子。

翻糖绣球糖花与奶油霜蛋糕

与上一个作品不同，这个作品反过来，以奶油抹面蛋糕搭配糖花。细密的立体绣球花典雅华丽，花瓣薄透轻柔，花束自然优雅。再加上淡雅青苹果绿及丁香紫，营造甜蜜的感觉

绣球花制作

1 将塑糖（干佩斯GUM PASTE）在不粘擀面板上擀平至适当厚度（约0.5mm）。

2 抹上少许玉米粉避免粘黏。

3 使用花模压出花瓣形状。

4 取10cm长花艺用铁丝小心插入花瓣中央，注意：勿插破表面。

5 将花瓣放在硅胶叶脉模上，并合上叶脉模。

6 以适度力道压出脉路。

7 取出压好脉路的花瓣。

8 把压好脉路的花瓣放在糖花整形用泡棉上。

9 使用圆头整形棒沿花瓣边缘压出花瓣自然的波浪形状。

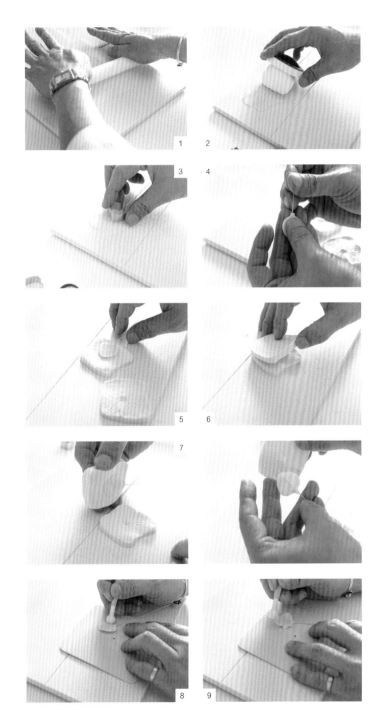

10 花瓣整形完成。

11 使用细水彩笔，蘸少许食用色粉置于纸巾上。

12 将食用色粉刷到花瓣上。

13 将制作完成的花瓣进行组合。

14 最后使用花艺用纸胶带将所有花瓣束紧固定。

15 完成绣球花制作。

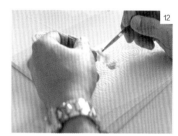

●

糖花组合

1 按照p.251、p.252介绍的方法
  制作不同颜色的绣球花组成
  花束，用花艺用纸胶带将花
  束束紧固定。

2 把制作完成的花束与主花（制
  作步骤略）试放于蛋糕上，调
  整出最美的排列方式。

3 先将主花置于已设定好的位
  置，使用糖霜固定。

4 加入叶子。

5 放置花束组合，并用糖霜固
  定。

本书中文简体字版通过成都天鸢文化传播有限公司代理，经常常生活文创股份有限公司授予河南科学技术出版社有限公司独家发行。非经书面同意，不得以任何形式，任意重制转载。本著作限于中国大陆地区发行。

著作权备案号：豫著许可备字-2018-A-0034

图书在版编目（CIP）数据

Ariel的超完美韩式挤花艺术·技巧全书/洪佳如著. —郑州：河南科学技术出版社，2019.1
ISBN 978-7-5349-9398-5

Ⅰ.①A… Ⅱ.①洪… Ⅲ.①蛋糕-糕点加工 Ⅳ.①TS213.2

中国版本图书馆CIP数据核字（2018）第250913号

出版发行：河南科学技术出版社
　　　　　地址：郑州市经五路66号　　邮编：450002
　　　　　电话：（0371）65737028　65788613
　　　　　网址：www.hnstp.cn
策划编辑：李　洁
责任编辑：李　洁
责任校对：王晓红
封面设计：张　伟
责任印制：张艳芳
印　　刷：河南瑞之光印刷股份有限公司
经　　销：全国新华书店
开　　本：787 mm×1092 mm　1/16　印张：16　字数：250千字
版　　次：2019年1月第1版　　2019年1月第1次印刷
定　　价：108.00元

如发现印、装质量问题，影响阅读，请与出版社联系并调换。